NASA深空探索

— 钱德拉 X 射线天文台 20 年全记录 —

[美] 金伯利·阿坎德（Kimberly Arcand）
[美] 格兰特·特伦布莱（Grant Tremblay） 等 著
[美] 梅甘·瓦茨克（Megan Watzke）

蒋云 陈维 译

江苏凤凰科学技术出版社
·南 京·

LIGHT FROM THE VOID: TWENTY YEARS OF DISCOVERY WITH NASA'S CHANDRA X-RAY OBSEVATORY
by KIMBERLY ARCAND

江苏省版权局著作权合同登记 10-2020-408

图书在版编目（CIP）数据

NASA 深空探索：钱德拉 X 射线天文台 20 年全记录 /（美）金伯利·阿坎德等著；蒋云，陈维译. — 南京：江苏凤凰科学技术出版社，2021.2（2022.9 重印）
ISBN 978-7-5713-1572-6

Ⅰ. ①N… Ⅱ. ①金… ②蒋… ③陈… Ⅲ. ①天体物理—普及读物 Ⅳ. ①P14-49

中国版本图书馆 CIP 数据核字 (2020) 第 237888 号

NASA 深空探索：钱德拉 X 射线天文台 20 年全记录

著　　者	[美] 金伯利·阿坎德（Kimberly Arcand） [美] 格兰特·特伦布莱（Grant Tremblay） [美] 梅甘·瓦茨克（Megan Watzke）等
译　　者	蒋　云　陈　维
责任编辑	沙玲玲
助理编辑	杨嘉庚
责任校对	仲　敏
责任监制	刘文洋
出版发行	江苏凤凰科学技术出版社
出版社地址	南京市湖南路 1 号 A 楼，邮编：210009
出版社网址	http://www.pspress.cn
印　　刷	上海当纳利印刷有限公司
开　　本	787 mm × 1 092 mm　1/12
印　　张	16.67
字　　数	235 000
插　　页	4
版　　次	2021 年 2 月第 1 版
印　　次	2022 年 9 月第 3 次印刷
标准书号	ISBN 978-7-5713-1572-6
定　　价	158.00 元（精）

图书如有印装质量问题，可随时向我社印务部调换。

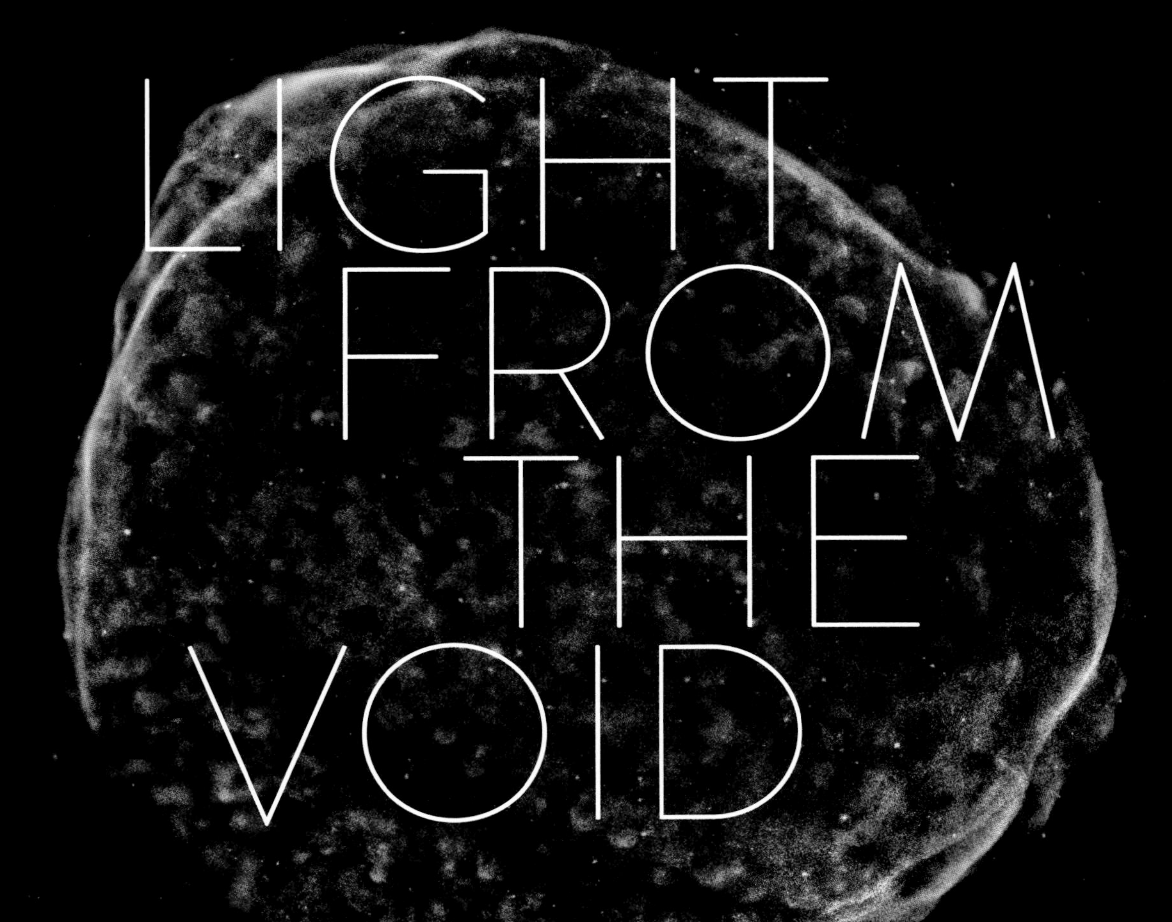

LIGHT FROM THE VOID

TWENTY YEARS OF DISCOVERY WITH NASA'S CHANDRA X-RAY OBSERVATORY

Smithsonian Books

谨以此书和钱德拉留下的科学遗产，

一起纪念里卡尔多·贾科尼（Riccardo Giacconi）

英仙射电源 A（Perseus A），详见第 165 页

目录

序一　|　钱德拉的独特能力

贝琳达 · J. 威尔克斯（Belinda J. Wilkes）
哈佛－史密松天体物理中心资深天体物理学家
钱德拉 X 射线中心主任
马丁 · C. 魏斯科普夫（Martin C. Weisskopf）
美国国家航空航天局（NASA）马歇尔空间中心 X 射线天文学首席科学家
钱德拉 X 射线天文台项目科学家

钱德拉 X 射线天文台是美国国家航空航天局大型轨道天文台计划（Great Observatories）的 4 台大型空间望远镜之一，至 2019 年它已经运行了 20 年。这本书分享了钱德拉的科学成果亮点：最炽热、活动最激烈的天体的 X 射线和多波段图像。这些天体发射的 X 射线可以揭示新的信息，提升我们对宇宙的理解。

钱德拉在很多方面仍然是无可匹敌的。它卓越的能力体现在能生成亚角秒 X 射线图像，精确定位 X 射线源，探测极其微弱的 X 射线源并详细测量其结构，兼具极高的空间分辨率和谱分辨率等。它是世界上最伟大的 X 射线观测站之一，而且在未来的几年里，它还将继续保持这一地位——事实上，预计未来 8 ~ 10 年它还将继续运行。

钱德拉的独特能力使它能够在极端物理学的研究中发挥关键作用。这些极端物理学涵盖一些壮观的天文现象，如中子星的合并和超大质量黑洞对恒星的潮汐扰动。它使天文学家能够利用宇宙这个天然实验室来研究各种各样的物理现象，而其中的物理环境是在地球实验室中无法实现的。例如：物质在极高密度下的行为，超强磁场的影响，物质被吸入黑洞的物理学过程，以及超大质量黑洞影响整个星系甚至星系团演化的能力。钱德拉为我们对天体的认识增加了新的维度：从行星到系外行星，从星系到更为庞大的星系团，以及位于星系团之间的一切物质。

几乎所有的天体都产生 X 射线，因此由钱德拉提供的高精度和高质量的数据可以用来研究和理解天体的性质。钱德拉将 X 射线天文学带入了天文学和天体物理学的主流研究领域，全世界成千上万名天文学家和天体物理学家都使用过这个天文台。钱德拉发现几乎所有的类星体都发出强烈的 X 射线，发现引力波源发出 X 射线，还发现恒星发出的 X 射线不利于行星的形成。

钱德拉不仅在科学上取得了巨大的成功，它也是几个单位共同合作并进行资源整合的结果，这些单位包括钱德拉的指挥中心马歇尔空间中心（MSFC）、钱德拉 X 射线中心（CXC）的主承包商以及史密松天体物理台（SAO）。在马歇尔空间中心项目办公室的管理和科学监督下，位于马萨诸塞州的钱德拉 X 射线中心圆满完成了各项任务。钱德拉 X 射线中心与几个组织签订了分包合同，包括仪器的主要研究团队及其在宾夕法尼亚州立大学、麻省理工学院和史密松天体物理台的团队，以及该任务的主承包商诺斯罗普·格鲁曼公司（Northrop Grumman，之前是 TRW 公司）。该公司与其分包商一起提供团队管理和工程方面的支持。

能够参与这座科学殿堂的建造和持续运作，并在本书中分享它的一些里程碑式的发现，我们深感荣耀。最后，我们要感谢钱德拉 X 射线天文台的科学家利昂 · 范斯佩布罗克（Leon Van Speybroeck），感谢他在提供光学指导方面所起的关键作用；感谢里卡尔多 · 贾科尼，他的领导力和真知灼见开创了钱德拉 X 射线天文台的伟大时代。

“仅通过这一个实验，我们不可能完全确定我们所观察到的辐射的属性和来源。然而，我们认为，如果大部分辐射源为太阳系外的软X射线的话，就可以很好地解释这些数据。”

——里卡尔多·贾科尼

引自他发表于1962年的关于首次发现太阳系外X射线源的文章

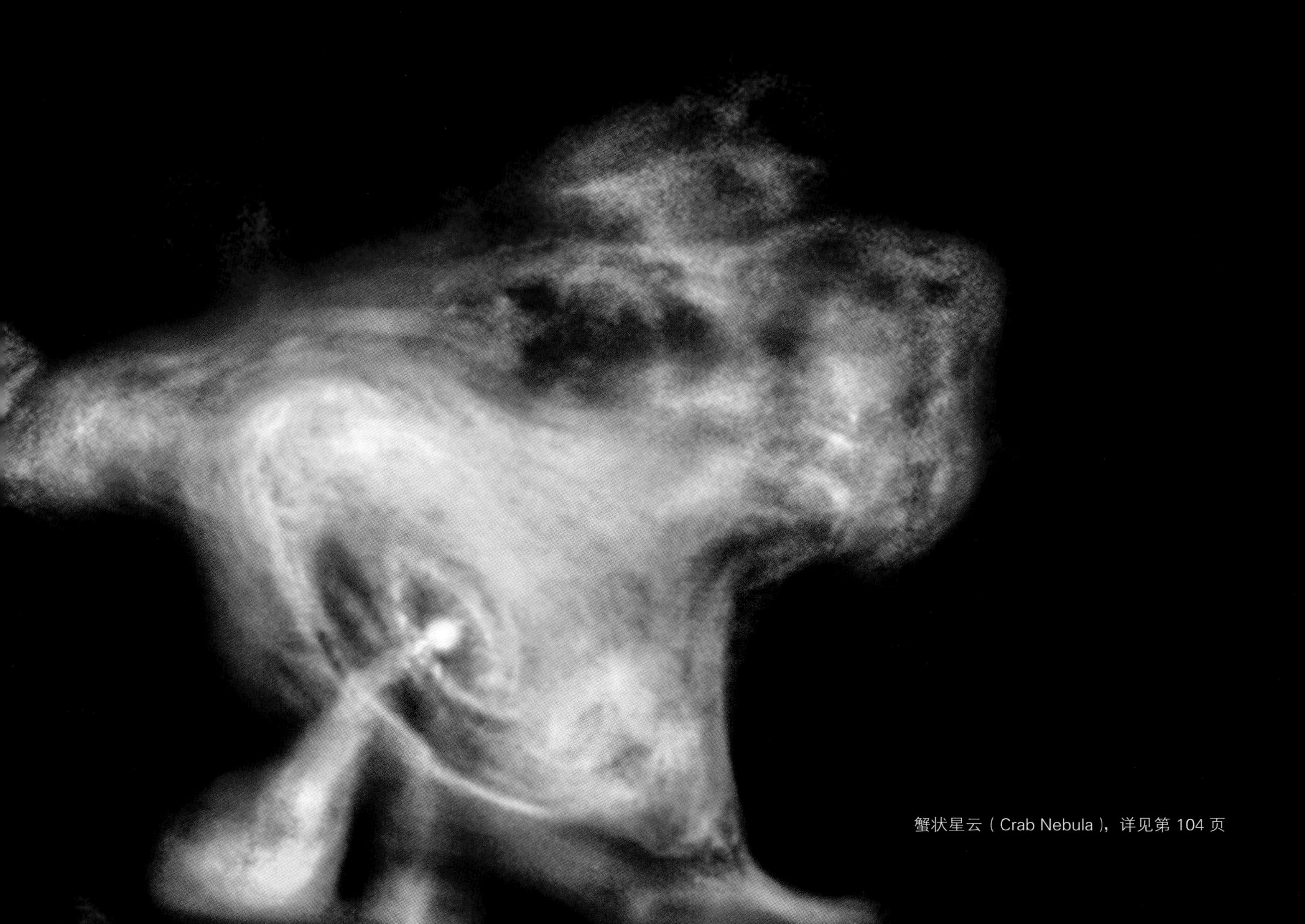

蟹状星云（Crab Nebula），详见第104页

序二 | 奔向太空

艾琳·科林斯（Eileen Collins）上校
美国空军（已退役），哥伦比亚号航天飞机 STS-93 任务指挥官

我儿时住在纽约北部的农村，那时的我就常常对夜空中的繁星着迷。后来加入空军时，我驻扎在俄克拉何马州。在那里，每当辽阔、晴朗、漆黑的夜晚被璀璨的繁星点亮时，我对天文学的着迷便与日俱增。

我订阅了天文杂志，加入了读书俱乐部，还买了两台望远镜，由此记住了星星和星座的名字和位置。我惊叹于太空中那些遥远的天体，对那些未知的东西产生了浓厚的兴趣。我渴望更多地了解宇宙的起源、结构和命运。终于，我成为美国国家航空航天局的宇航员，这使我能把对飞行的热爱与对天文学和宇宙学的热爱有机结合起来。

1998 年 3 月，宇航员办公室主任把我叫去进行一对一的谈话。他告诉我他想让我执行一次伟大的飞行。然后，他把我派到飞行运营主任和约翰逊太空中心（Johnson Space Center）主任那里。他们告知我被选为 AXAF（高新 X 射线天体物理台，钱德拉 X 射线天文台的原名）任务的指挥官。我将是第一个指挥哥伦比亚号航天飞机任务的女性。

在这次飞行中，我关注的是哥伦比亚号的天文有效载荷。于是我开始了一段时间的专业训练，培养专业理解力和综合领导力，一切都是为了安全成功地部署钱德拉 X 射线天文台。

我的组员们都和我一样专注于我们的任务——我们的天文台。我们的飞行员杰夫·阿什比（Jeff Ashby）是执行他人生中的第一次太空任务。史蒂文·霍利（Steven Hawley）是我们的飞行工程师和天文学专家。卡迪·科尔曼（Cady Coleman）和米歇尔·托吉尼（Michel Togini）成了惯性上面级（Inertial Upper Stage，

1999 年 7 月 23 日，哥伦比亚号将钱德拉送入太空。STS-93 任务指挥官艾琳·科林斯，飞行员杰夫·阿什比，以及任务专家米歇尔·托吉尼、史蒂文·霍利和卡迪·科尔曼，是最后一批目送钱德拉进入太空的人。

IUS）火箭的专家，正是这一级火箭将钱德拉送到了最高高度。还有我们的首席飞行主任布莱恩·奥斯丁（Bryan Austin）和首席载荷主任戴维·布雷迪（David Brady），我们每天都一起工作，共同致力于钱德拉的安全成功部署。

去往发射台的路上困难重重。在过去的一年中，我们经历了无数次艰难险阻。尽管我们迫切地想要发射，但是不得不进行一次又一次的测试，一而再、再而三地延迟发射。虽然当时很困难，但是我们对细节的精益求精终于得到了回报。如果美国国家航空航天局接受了任何不完美的零部件，或者省略了任何一次测试，钱德拉都可能不会稳定地运行至今。

甚至在发射倒计时的时候也发生了延迟。我们第一次发射尝试是在 1999 年 7 月 20 日，那是阿波罗 11 号任务的 30 周年纪念日。3 名阿波罗 11 号的宇航员——尼尔·阿姆斯特朗（Neil Armstrong）、巴兹·奥尔德林（Buzz Aldrin）和迈克尔·科林斯（Michael Collins）都参加了。我们在发射前 8 秒排除了主推进系统的传感器故障。两天后，我们进行了第二次尝试。尽管天气预报说“100%”可以，我们还是因为雷暴而推迟了。7 月 23 日，由于通信问题，倒计时的最后 1 小时出现了延迟。但在一阵混乱之后，我们及时果断地在预定的 40 分钟窗口期内发射升空了。我们上升时感到无比兴奋，但兴奋并不是一件好事：在发射 8 秒后，一条总线出现了短路，导致驾驶舱的警报响起。我们丢失了两个主引擎上的主引擎控制器。幸运的是，每个引擎都有自己的备用控制器，否则我们可能会再经历一次引擎故障。一想到这架航天飞机运载的是有史以来最重的载荷，如果中途终止那就不太妙了。我们当时还不知道，从发射前到主引擎关闭，我们一路都在泄漏氢燃料。我们的速度比原定的速度慢了 4.6 米每秒，这使我们的轨道比计划的略低。然而我们的轨道引擎最终把哥伦比亚号推到了合适的高度，从那之后一切都顺利了。

有些人想知道为什么钱德拉是用航天飞机而不是“一次性消耗品”火箭发射升空，答案是：有宇航员在场的好处之一，便是有能力在太空中和部署之前修复可能遇到的问题。卡迪和米歇尔接受的训练使他们能在遇到机械或电子问题时进行太空行走。1991 年，伽马射线天文台的高增益天线出了问题，宇航员杰里·罗斯（Jerry Ross）进行了短暂的太空行走，摇晃了天线，很容易就把问题解决了。如果我们的航行出现类似的故障，我们也能做好应对。

今天，我很高兴回顾整个团队对如此卓越的任务所做的贡献。钱德拉的设计初衷是工作 5 年，但 20 年来它一直表现出色。通过它，我们正在了解我们的宇宙是如何诞生的，那些神秘的天体离我们有多远，以及它们将如何终结。我告诉年轻人，钱德拉收集的数据足够让他们乃至世界各地的人在未来很长一段时间里从中寻找这些科学问题的答案。

我还要感谢为哥伦比亚号航天飞机任务做出贡献的设计师、管理者、工程师、科学家和其他许多人。回顾钱德拉的成就让我倍感欣慰，我希望在未来的几年里，它能继续为我们提供更多的科学数据。

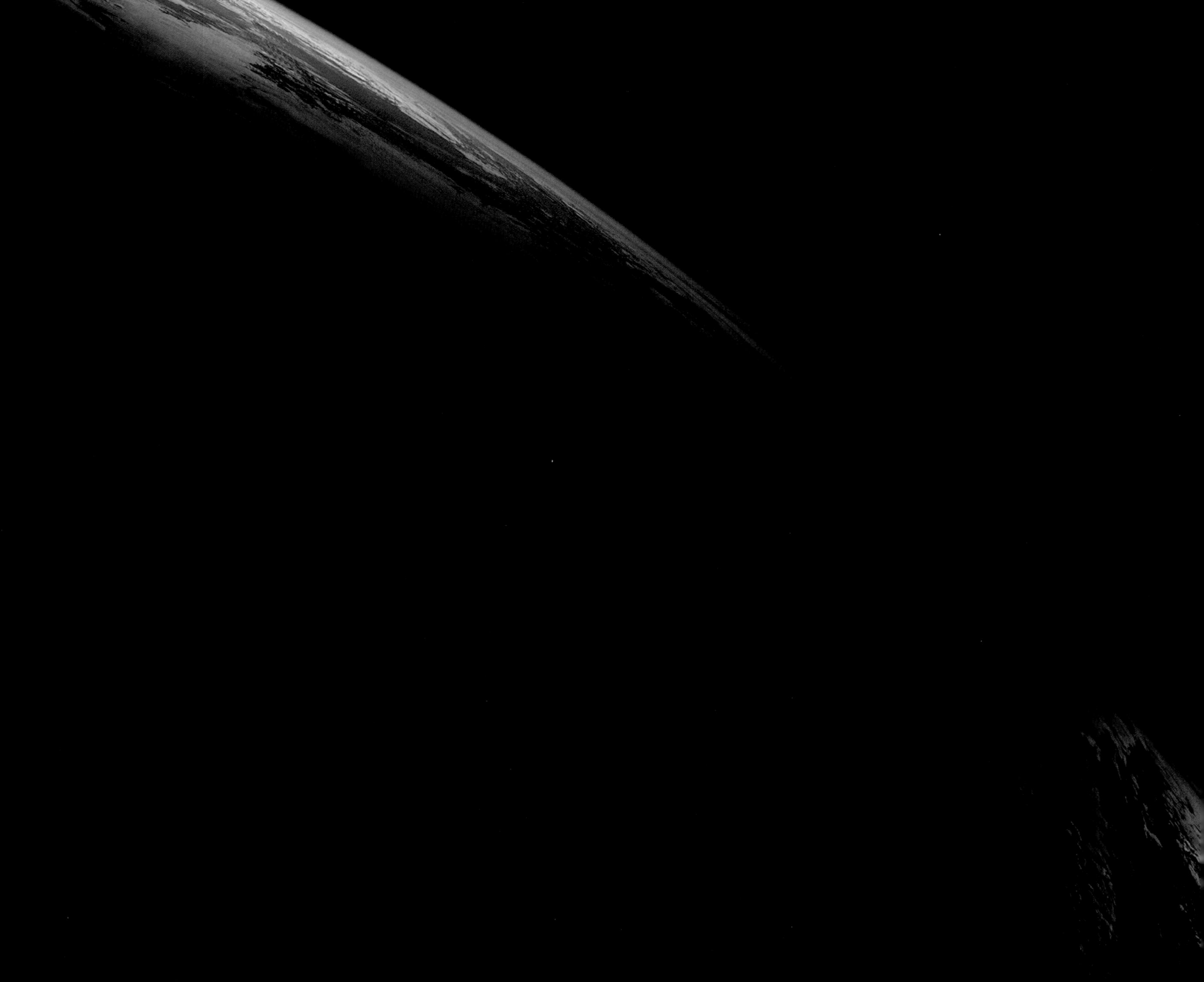

地球的大气层被称为“细细的蓝线”(thin blue line)，是横隔在地球生命和寒冷黑暗的太空之间的唯一屏障。

前言　|　科学发现的催化剂

最近，一些最早的石器在肯尼亚一个古老的湖泊附近被发现。这些石器至少有 330 万年的历史。制作这些石器的远古人类是我们古老而遥远的祖先。当他们夜晚坐在湖边时，肯定也看到了夜空中闪闪发光的“晶体”——那是数十亿的恒星，在散发着璀璨的星光。点点繁星，连同浩瀚的银河，一起倒映在湖水之中。

尽管人类的祖先在 300 多万年前就已经先进到可以制造狩猎武器，但对地球以外事物的记载，如一块刻着月相的古代鹰骨，只不过 3 万年多一点。有记载的天文学历史，通常也被称为最古老的科学，在地球生命这本书中不过是短短的一句话。

随着科技进步的步伐越来越快，我们对宇宙的认识呈指数增长，就像野火一样蔓延。从在鹰骨上刻下月相到第一幅精确的星图出现，中间相隔了 2 万多年；又过了约 1 000 年，我们第一次有了观察银河系的记录；又过了约 600 年，伽利略第一次把望远镜对准天空。

仅仅 3 个多世纪后的 1946 年，一位名叫莱曼·斯皮策（Lyman Spitzer）的天文学家写了一篇推导性的论文，提出了建造空间望远镜的想法。16 年之后的 1962 年，30 岁出头的里卡尔多·贾科尼，未来的 X 射线天文学之父，和他年轻的团队发射了一枚小小的火箭，在持续了不到 6 分钟的飞行中，探测到了从太阳系以外的地方——天蝎座 X-1（Scorpius X-1）发出的 X 射线信号。天蝎座 X-1 是一个双星系统，距离我们 9 000 光年，其中一颗小恒星正要被附近的中子星撕碎并吞噬。它是在太阳系外发现的第一个 X 射线源，并且是除太阳外天空中最强的 X 射线源。正是这一发现引发了后来一系列的事件，更多更大的 X 射线天文卫星陆续发射到太空中。尽管钱德拉 X 射线天文台是 37 年后才发射升空的，但是从某种意义上来说，它是从那个时候孕育起来的。

作为一个驻扎在深空的发现平台，钱德拉以印度裔美国天文学家苏布拉马尼扬·钱德拉塞卡（Subrahmanyan Chandrasekhar）的名字命名。他提出了白矮星理论，这一理论对我们理解宇宙如何运行至关重要。钱德拉的观测任务还在执行，到 2019 年为止已经 20 年了。它已经改变了我们对宇宙的理解，在宇宙的熔炉里，恒星诞生、死亡，万物起源、演化。从发现木星两极闪闪发亮的极光，到捕获时间边缘的黑洞，钱德拉成为促进科学进步的伟大引擎之一，它是一个重要的工具，是科学发现的催化剂。

本书是为庆祝钱德拉留下的永恒的科学遗产而生的。接下来的每一幅图像都是大自然的鬼斧神工，是宇宙交响乐的音符，是广袤宇宙的剪影。

这幅艺术概念图展示了美国国家航空航天局的钱德拉 X 射线天文台在它的高椭圆轨道上，它的最远距离达到地月距离的 1/3。

导言

20 年在轨飞行，圆百年梦想

如果把宇宙比作海洋，地球与宇宙之间的联系则是来自无边无际的海洋的光、粒子和波浪。我们的探测器已经访问了其他星球，旅行几十年后到达了太阳系边缘。在浩瀚无垠的宇宙中，即使是像冥王星这样遥远的星球，也不过是点缀在海岸线上的岩石，是走向无限的第一步。即便是我们发射过的最快的宇宙飞船，也需要数万年才能到达比邻星。比邻星是离我们太阳最近的恒星，距离我们大约 4.2 光年。

一个谦卑但重要的提醒是：尽管我们可能会不断探索我们的太阳系，但几乎可以肯定的是，我们终此一生都不会离开它。我们很可能永远也感受不到另一个太阳的温暖，永远不会飞过孕育恒星的气体带，也永远不会跨越 1 亿光年到达银河系之外的星系。因为这其中跨越的距离实在太远，所需的时间也太长了。我们的肉眼能收集光的粒子——光子，而许多光子是诞生于数十亿年前并且穿越了整个宇宙才到达地球的。

于是，我们可能会永远被束缚在浩瀚宇宙里的一个小岛上。我们只能站在它的岸边，从黑暗中汲取光明。我们只能用肉眼在有限的范围内做到这一点，但我们早就知道，使用望远镜可以让我们从宇宙中收集更多的光。几个世纪以来，我们建造了更大的望远镜，这些巨大的收集器分布在地球表面，环绕在地球的上空，组成了一个连接人类和宇宙的神经网络。

光速无疑是快的，但不是无限快。光子从它的诞生地到达我们的家门口是需要时间的。太阳距离地球 8 光分，这意味着光子以光速（30 万千米每秒）从太阳到地球需要 8 分钟；银河系中心发出的光到达地球大约需要 2.6 万年；从其他星系发出的光到达地球则需要数亿到数十亿年。

因此，更深入地观测太空，就是更深入地回顾过去。时间旅行不是科幻小说，这是每天都在面对的现实。其实你一直都在回顾过去，因为你的眼睛看到的光是过去的光穿越了时间和空间才到达你的眼睛的。你甚至这辈子都没目睹过真正的“现在”。一个物体离你越远，你看到的过去就越久远。如果一个物体离你 0.3 米远，你看到的是它过去大约 1 纳秒（十亿分之一秒）的样子。3 米远呢？则是 10 纳秒之前的样子。1 000 光年远呢？则是 1 000 年之前的样子。以此类推。

望远镜是强大的时间机器。收集来自宇宙的光不仅可以观察天文现象，了解宇宙的化学成分，还能观察宇宙的结构和成分如何随时间演变。通过研究星系群在更大宇宙尺度上的分布和组合，我们还可以了解到星系是如何随着时间成长和演变的，即使这在时间尺度上是缓慢而艰难的。

20 世纪最大的科学发现之一，是光远远超出了人类肉眼所能探测到的范围。我们最熟悉的光是天文学家所说的“光学的”或“可见的”光，它仅仅代表了所有光的一小部分。光是连续分布的，从射电波到微波，到红外线、可见光、紫外线，最后到 X 射线和伽马射线，其中大多数光我们的眼睛无法看到。

因此，科学家们不得不建造具有“超人”视觉的望远镜来观测宇宙。我们的望远镜收集的每个光子都具有一个特定的波长，携带着不同的能量。就像记账货币一样，光子是大自然展现能量守恒和对称法则的方式之一，我们从中可以看到大自然的优雅和简约。光子诞生于寒冷、稠密的气体云中，这些气体云是孕育恒星的子宫，可以发出波长为几毫米的光，地面上强大的望远镜，比如新墨西哥州沙漠中的甚大阵（Very Large Array，VLA）射电望远镜就可以观测到它们。星系中的恒星在光学波段闪耀着明亮的光芒，这就是为什么在晴朗的夜晚，我们用肉眼也能看到许多恒星。而那些比我们的太阳体积更大、更年轻的恒星在紫外波段非常明亮，发射的光子的波长只有几百纳米。至于我们宇宙中最高能的事件，比如在超大质量黑洞周围等离子体旋涡中的电子散射，产生光子的波长非常短（只有十亿分之一米长），属于 X 射线波段。

美国国家航空航天局有 4 台大型空间望远镜，收集 4 个主要波段的光，钱德拉 X 射线天文台是其中之一。每台空间望远镜的诞生都是一场技术革命，这 4 台空间望远镜是迄今为止人类制造的最伟大的时光机器。1990 年发射的哈勃空间望远镜大大地提升了我们在紫外、光学和近红外波段的观测能力。它异常灵敏的角分辨率革新了成像技术，当然这也部分归功于它是第一个在地球的湍流大气层之上进行观测的望远镜，本书展示的许多图像是由钱德拉和哈勃拍摄后合成的。一年后，也就是 1991 年，康普顿伽马射线天文台对宇宙中威力最大的爆发事件开始了新的观测。斯皮策空间望远镜发射于 2003 年，它将成像和光谱能力扩展到中红外波段，揭开了尘埃的面纱，并以惊人的细节揭示了恒星的诞生过程。

X 射线不能穿透地球的大气层，因此所有的 X 射线望远镜都必须发射到太空中。X 射线光子的能量是如此之大，以至于需要用类似在池塘上打水漂的方式收集它们。在光学望远镜中，入射的光束几乎垂直于镜面，它们像橡皮球一样在镜面反射。X 射线的观测与它们完全不同：X 射线的反射率很低，必须以相对镜面极小的角度（1 ~ 2°）入射才能发生反射，这样仪器才可以收集到 X 射线光子；X 射线的入射光与反射光几乎平行，与镜面也几乎平行。因此，与我们所熟悉的光学望远镜相比，那些能够成像的 X 射线望远镜显得极不一样。后者是用圆柱形玻璃外壳嵌套在一起的，来自宇宙中最极端最高能的事件的光束，通过这个入口，被聚焦到与镜面组件相隔 9 米多远的探测器上。

1999 年夏天，钱德拉 X 射线天文台被塞进哥伦比亚号的有效载荷舱，成为有史以来由航天飞机发射的最大最重的卫星。1999 年 7 月 23 日，在一个漆黑的夜晚，包括指挥官艾琳・科林斯上校在内的 5 名宇航员升到了地球大气层的外层，释放了钱德拉。科林斯上校是有史以来第一位指挥航天飞机任务的女性。不久之后，一枚搭载的惯性上面级火箭点火，将钱德拉送入周期为 63 小时的轨道，达到了地月距离 1/3 的高度。

原计划 5 年的观测任务，钱德拉执行了 20 年。它现在仍然是历史上最强大的 X 射线望远镜，它留下的科学遗产随着对每一个光子的收集而增长。通过解读这些信息，我们可以聆听大自然的心跳，欣赏宇宙的乐章。现在加入我们，一起庆祝钱德拉 20 年的探索之旅吧！

这是一幅 70 毫米帧的图像，显示的是钱德拉 X 射线天文台在哥伦比亚号有效载荷舱发射，之后不久它就逐渐消失在黑暗的太空中了。

战争与和平星云 *（NGC 6357），详见第 43 页

---

* NGC 6357 是位于天蝎座的一个弥漫星云。由于这个星云的外观，太空中继红外实验的科学家称它为战争与和平星云。——本书中脚注无特殊说明，均为译者注。

第一章

年轻恒星

NGC 602 星云 *，详见第 30 页

* NGC 602 是水蛇座的一个弥漫星云。

恒星诞生

地球沐浴在无数恒星的光芒之中。有的恒星离我们近，有的离我们远。我们的银河系有超过 2 000 亿颗恒星。这些恒星是巨大、稠密、寒冷的气体云在自身引力作用下坍缩形成的。正是通过这种方式，在宇宙最深处，初生恒星的光芒开始闪耀。

钱德拉 X 射线天文台就像一个时间机器，用它最灵敏的 X 射线“眼睛”注视着这些初生恒星。

年轻的恒星在诞生后的几亿年里快速旋转，形成强烈的磁场，从而产生明亮的 X 射线辐射。钱德拉具有独特而创新的镜面以及灵敏的探测器，会对准这些高能光子、粒子和 X 射线波。

恒星不是孤立形成的，成千上万颗恒星聚集在一起形成星团。星团中的所有恒星几乎是在同一时间诞生的，诞生时离星团中心的距离也大致相同，因此星团为检验恒星演化如何取决于其质量的理论提供了一个理想的实验室。由于大多数星团最终会散去，我们所见到的星团都是相对年轻的，这些星团里面的恒星才诞生几亿年之久。

正常的中年恒星，比如离我们最近的太阳，具有炽热的、能辐射 X 射线的外层大气。X 射线观测已被证明是一种有用的工具，用于研究恒星表面附近的湍流加热如何依赖恒星的年龄、旋转和恒星类型，以及恒星的耀斑活动如何随着恒星的演化而变化。这样的研究也可能为我们提供一些关于未来太阳活动的线索。钱德拉也有助于了解年轻恒星的 X 射线如何影响其行星形成，以及更成熟的恒星如何影响其行星。钱德拉的研究还揭示了巨行星可能会反过来影响它们的中心恒星。

接下来的页面展示了钱德拉的一些经典天文图像——年轻恒星被包裹在寒冷的恒星尘埃摇篮里。许多图像是与哈勃空间望远镜观测合成的多波段图像，展示了恒星摇篮壮丽绚烂的结构。这些图像覆盖了广阔的天区，且所有图像显示的都是我们银河系内的天区。

维斯特卢 2 星团

维斯特卢 2（Westerlund 2）是一个由年轻恒星组成的星团，里面每颗恒星的年龄都为 100 万 ~ 200 万年。哈勃的可见光数据显示，这些恒星诞生之地具有厚厚的云层。然而，高能辐射能够以 X 射线的形式穿透这片宇宙迷雾，因此钱德拉能够探测到它。维斯特卢 2 星团中包含银河系中最热、最亮、质量最大的恒星。

尺度和距离 图像覆盖约 44 光年的天区
距离地球约 2 万光年

波长 / 颜色 X 射线波段：紫色
光学波段：红色，绿色，蓝色

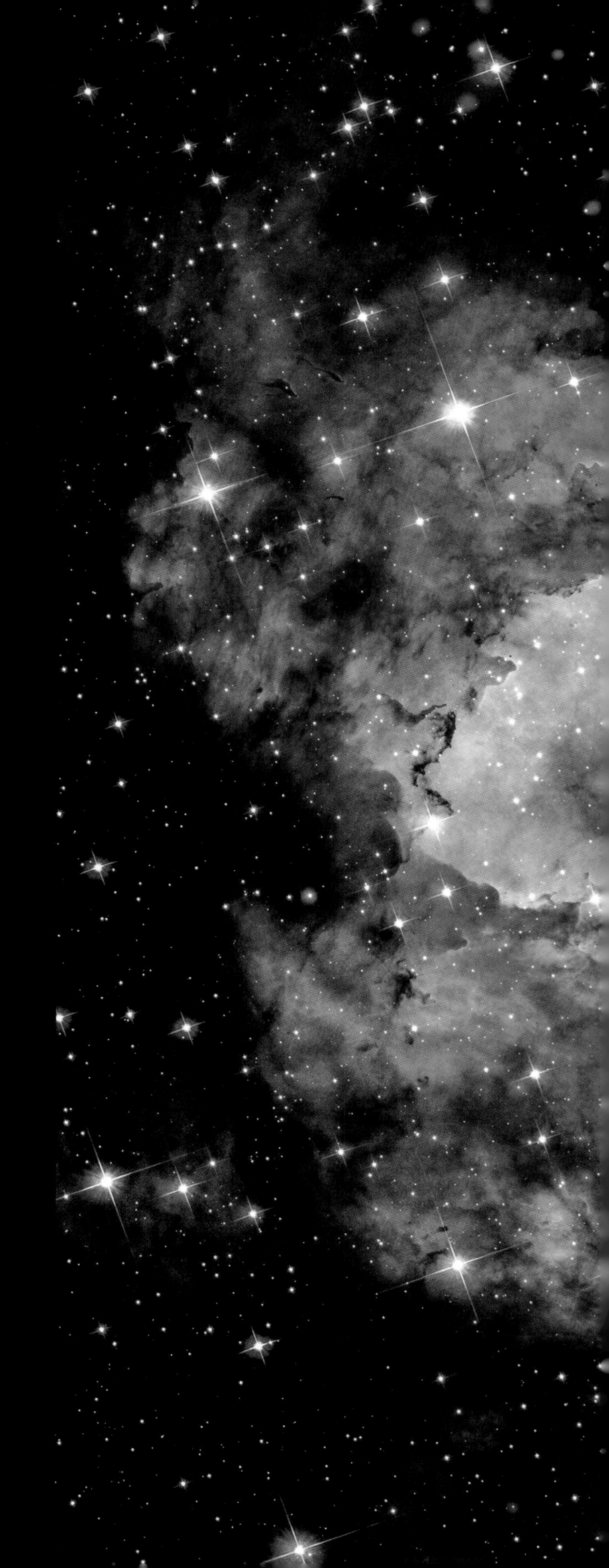

圆拱星团

圆拱星团（Arches cluster）由我们银河系中的一群年轻恒星组成。这个星团包含炽热的大质量恒星，这些恒星生命短暂，表面活动异常剧烈，一般只能持续几百万年。气体从这些恒星表面蒸发，向外吹出强烈的星风。天文学家认为，钱德拉所观测到的高温气体包层是由众多恒星吹出的星风相互碰撞形成的。本页插图是钱德拉的 X 射线数据与红外观测数据合成的图，右页图在更大尺度上显示出壮观的纤维结构在射电波段中呈现出的景象。

尺度和距离 图像覆盖约 4.4 光年的天区
距离地球约 25 000 光年

波长 / 颜色 X 射线波段：蓝色
红外波段：绿色
射电波段：红色

X 射线波段和红外波段合成图

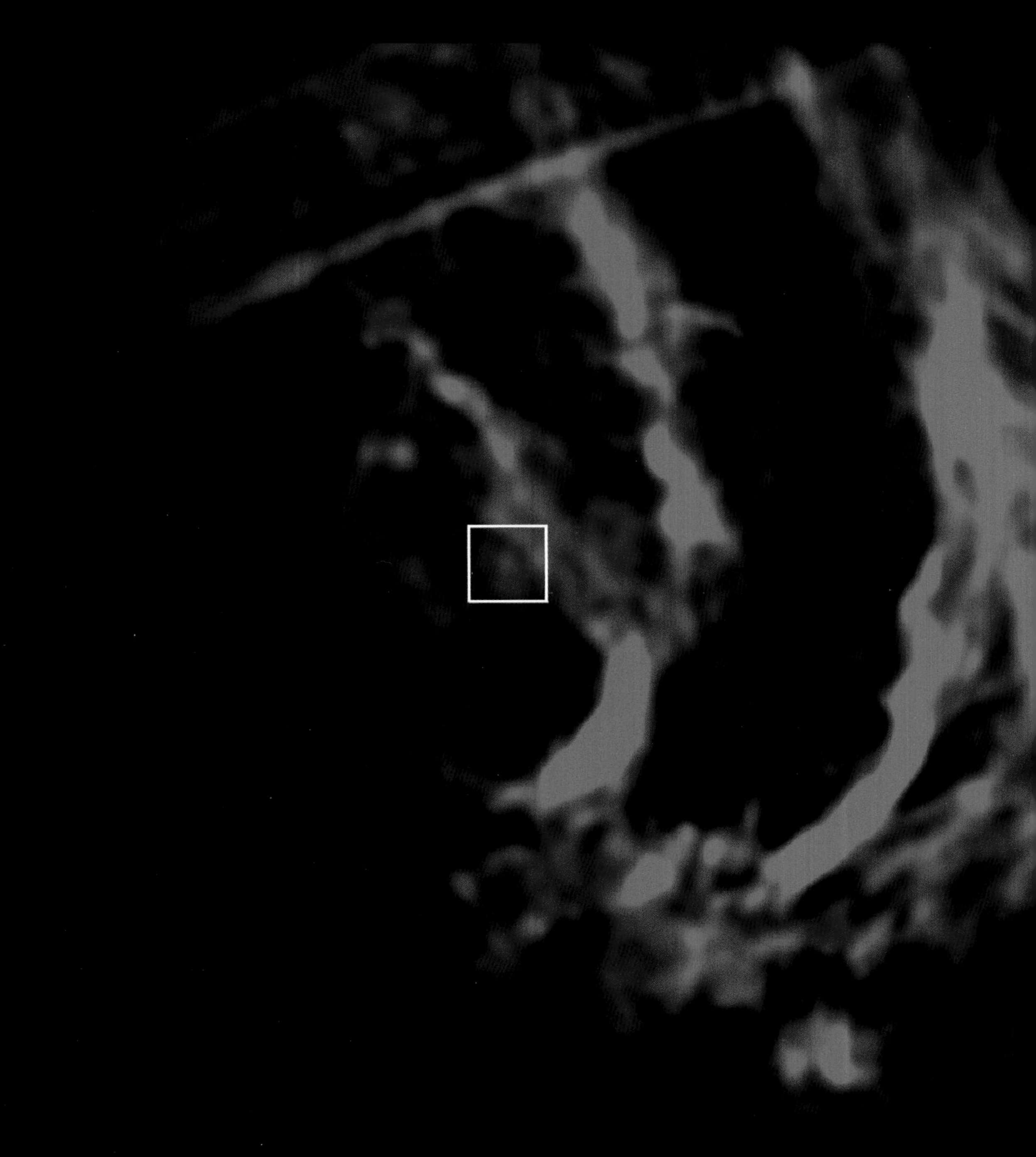

射电图像

特朗普勒 14 星团

特朗普勒 14（Trumpler 14）星团大约包含 1 600 颗恒星，这些恒星周围弥漫着辐射 X 射线的高温气体。这个星团包含异常多年轻明亮的大质量恒星（年龄约 100 万年）。X 射线由冲击波产生，这种冲击波类似于飞行器在超声速飞行时产生的声爆，形成于年轻的大质量恒星吹出的不稳定的星风。钱德拉观察到的弥散的 X 射线很可能是由几光年范围内的许多这样的星风共同作用造成的。

尺度和距离 图像覆盖约 47 光年的天区

距离地球约 9 000 光年

波长 / 颜色 X 射线波段：红色，蓝色

猎户星云

猎户星云（Orion Nebula）是距离地球最近的恒星形成区之一。在光学波段所看到的纤细的丝状物是气体和尘埃云，它们是年轻恒星燃烧的燃料。这些明亮的点状光源是钱德拉用 X 射线捕捉到的新形成的恒星。在 X 射线波段下，可以看到这些初生恒星的耀斑，这表明我们的太阳在更年轻的时候曾有过许多猛烈而高能的耀斑爆发。

尺度和距离 图像覆盖约 24 光年的天区
距离地球约 1500 光年

波长 / 颜色 X 射线波段：蓝色，黄色，橙色
光学波段：红色到紫色

南冕座

南冕座（Corona Australis）是我们银河系中恒星形成最活跃的区域之一。在其中心，冠冕星团（Coronet cluster）包含着几十颗已知的年轻恒星，它们成群松散分布，具有不同的质量，处在不同的演化阶段。这使研究人员有机会同时在不同波段下研究恒星的形成过程，如图中所示的 X 射线数据和红外数据。

尺度和距离 图像覆盖约 2 光年的天区
距离地球约 420 光年

波长 / 颜色 X 射线波段：紫色
红外波段：橙色，绿色，蓝绿色

右图

NGC 604 星云

NGC 604 星云是附近的三角星系（M33）中最大的恒星形成区。这幅由钱德拉的 X 射线数据和哈勃的光学数据合成的图像显示了一个区域，这个区域包含了数百颗年轻的大质量恒星。较冷的气体和尘埃中的巨大泡状结构是由强大的星风产生的，星风中充满了发出 X 射线的炽热气体。

尺度和距离 图像覆盖约 895 光年的天区
距离地球约 270 万光年
波长 / 颜色 X 射线波段：蓝色
光学波段：红色，绿色，黄色

左页图

NGC 602 星云

NGC 602 星云位于小麦哲伦云中，包含一个壮观的恒星形成区。小麦哲伦云是银河系最近的星系邻居之一，对于更遥远的星系中难以观测到的天文现象，小麦哲伦云为其研究提供了绝好的机会。钱德拉观测 NGC 602 星云时，首次探测到银河系外与太阳质量相似的年轻恒星发出的 X 射线。NGC 602 星云是研究恒星生命周期和不同光（如图中所示的 X 射线、光学和红外）的理想对象。

尺度和距离 图像覆盖约 160 光年的天区
距离地球约 18 万光年
波长 / 颜色 X 射线波段：紫色
光学波段：红色，绿色，蓝色
红外波段：红色

玫瑰星云

钱德拉对玫瑰星云(Rosette Nebula)的观测(在更大尺度上的星云光学图像上) 显示了中间星团中的数百颗年轻恒星和两侧较暗的星团。中间星团似乎首先形成，产生辐射和星风爆发，导致周围的星云膨胀，触发了邻近两个星团的形成。

尺度和距离 图像覆盖约 87 光年的天区
距离地球约 5 000 光年

波长 / 颜色 X 射线波段：红色
光学波段：紫色，橙色，绿色，蓝色

天鹅座 OB2

天鹅座 OB2（Cygnus OB2 ）是距离地球最近的大质量星团，包含 1 500 颗年轻的恒星。这些年轻恒星的年龄从 100 万年到 700 万年不等，在 X 射线的照耀下闪闪发光。钱德拉对这些年轻恒星外层大气的行为进行了长期观测。图像还揭示了可见光和红外光信息。天文学家研究天鹅座 OB2 这样的天体是为了更好地理解像它这样的恒星工厂是如何形成和演化的。

尺度和距离 图像覆盖约 16 光年的天区
距离地球约 4 700 光年

波长 / 颜色 X 射线波段：蓝色
光学波段：黄色
红外波段：红色

剑鱼座 30

剑鱼座 30（30 Doradus），也称蜘蛛星云（Tarantula Nebula），位于靠近银河系的大麦哲伦云中。钱德拉拍摄到了被星风和超新星爆发加热到数百万摄氏度的炽热气体。这种高能恒星活动会产生类似声爆的冲击波。光学数据显示了大质量恒星在其诞生的不同阶段发出的光，而红外辐射图显示的是温度较低的气体和尘埃区。

尺度和距离 图像覆盖约 600 光年的天区
距离地球约 16 万光年

波长 / 颜色 X 射线波段：蓝色
光学波段：绿色
红外波段：红色

杜鹃座 47

杜鹃座 47（47 Tucanae）是一个球状星团。作为银河系中最古老的恒星系统，球状星团是研究恒星及动力学演化的实验室。在钱德拉拍摄的图像中，许多都是双星系统，即一颗正常的、类似太阳的伴星围绕着一颗坍缩的恒星运行。这颗恒星可能是一颗白矮星，也可能是一颗中子星。事实上，利用钱德拉 X 射线天文台，科学家可能已经在这个恒星系统中发现了恒星和黑洞之间最近的轨道。

尺度和距离 图像覆盖约 10 光年的天区
距离地球约 15 000 光年

波长 / 颜色 X 射线波段：红色，绿色，蓝色

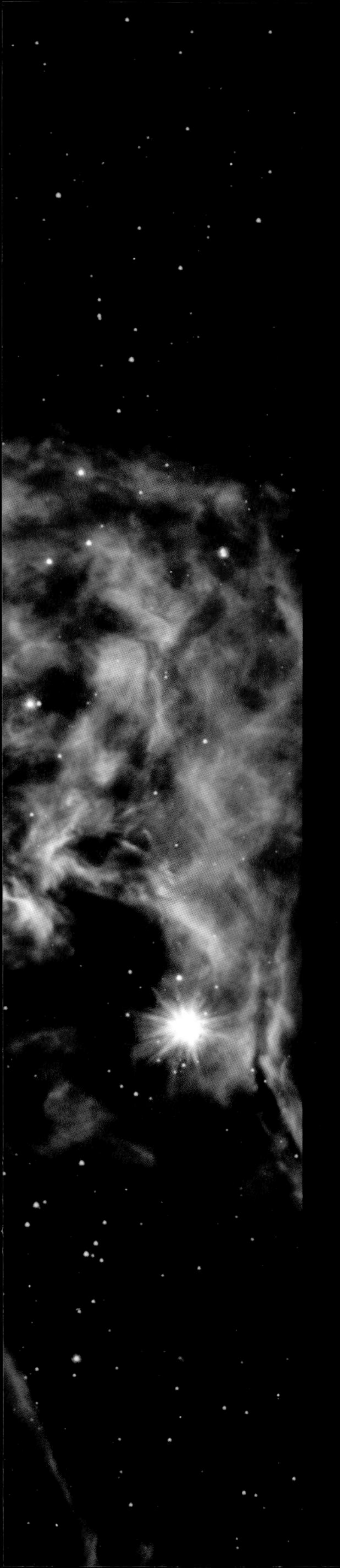

火焰星云

火焰星云（NGC 2024）闪耀着恒星形成的光芒。钱德拉对这个天区的观测显示，其外围的恒星大约有150 万年的历史，而其中心区域的恒星大约有 20 万年的历史。这一发现与之前的预测刚好相反，之前认为中心的恒星应该先形成，理应更古老。X 射线数据和红外数据相结合可以针对大量的年轻恒星展开研究。

尺度和距离	图像覆盖约 15 光年的天区 距离地球约 1 400 光年
波长 / 颜色	X 射线波段：紫色 红外波段：红色，绿色，蓝色

NGC 1333 星团

NGC 1333 星团包含了许多年龄不到 200 万年的恒星，从天文学的角度来说非常年轻。钱德拉的观测数据显示有 95 颗年轻的恒星在 X 射线下熠熠生辉，其中 41 颗在其他波段还没有被发现。X 射线观测结合光学和红外数据，可以揭示这些非常年轻的恒星的物理特性和行为。

尺度和距离 图像覆盖约 4 光年的天区
距离地球约 770 光年

波长 / 颜色 X 射线波段：粉色
光学波段：红色，绿色，蓝色
红外波段：红色

战争与和平星云

战争与和平星云是我们银河系中的一个恒星形成区，它至少有 3 个年轻的星团，包括许多炽热的、发光的大质量恒星。来自钱德拉和德国伦琴 X 射线天文台（ROSAT）的 X 射线发现了数百颗年轻的恒星，探测到了热气体辐射出的 X 射线。大质量恒星表面的辐射和被吹走的物质，加上超新星爆发，产生了泡泡或空洞。X 射线数据与光学和红外数据相结合，完成了这幅宇宙图景。

尺度和距离 图像覆盖约 70 光年的天区
距离地球约 5 500 光年

波长 / 颜色 X 射线波段：紫色
光学波段：蓝色
红外波段：橙色

鹰状星云

鹰状星云（M16）是一个恒星形成区，通常被称为创生之柱（Pillars of Creation）。钱德拉对 X 射线源具有灵敏的分辨率，因此可以发现和识别数百颗非常年轻的恒星以及那些正在形成中的恒星，也就是原恒星。钱德拉和哈勃的观测数据相结合，生成了这幅恒星诞生的壮观图像。

尺度和距离 图像覆盖约 5.13 光年的天区

距离地球约 5 700 光年

波长 / 颜色 X 射线波段（较大的光点）：红色，绿色，蓝色

光学波段（漫射和较小的光点）：红色，绿色，蓝色

红外图像

NGC 6231 星团

要研究恒星形成停止不久后的星团，NGC 6231 是一个理想对象。星团中的恒星都具有相似的起源——一片由气体和尘埃组成的云，它们被引力束缚在一起。钱德拉发现了与太阳相似的年轻恒星（插图中的特写），它们隐藏在可见光和红外图像中。对于钱德拉来说，年轻的恒星之所以引人注目，是因为它们具有强大的磁场活动，能将外层大气加热到几千万摄氏度，从而发射 X 射线。

尺度和距离 红外图像覆盖约 452 光年的天区
X 射线图像覆盖约 24 光年的天区
距离地球约 5 190 光年

波长 / 颜色 X 射线波段：红色，绿色，蓝色
红外波段：红色，黄色，绿色，蓝绿色，蓝色

X 射线图像

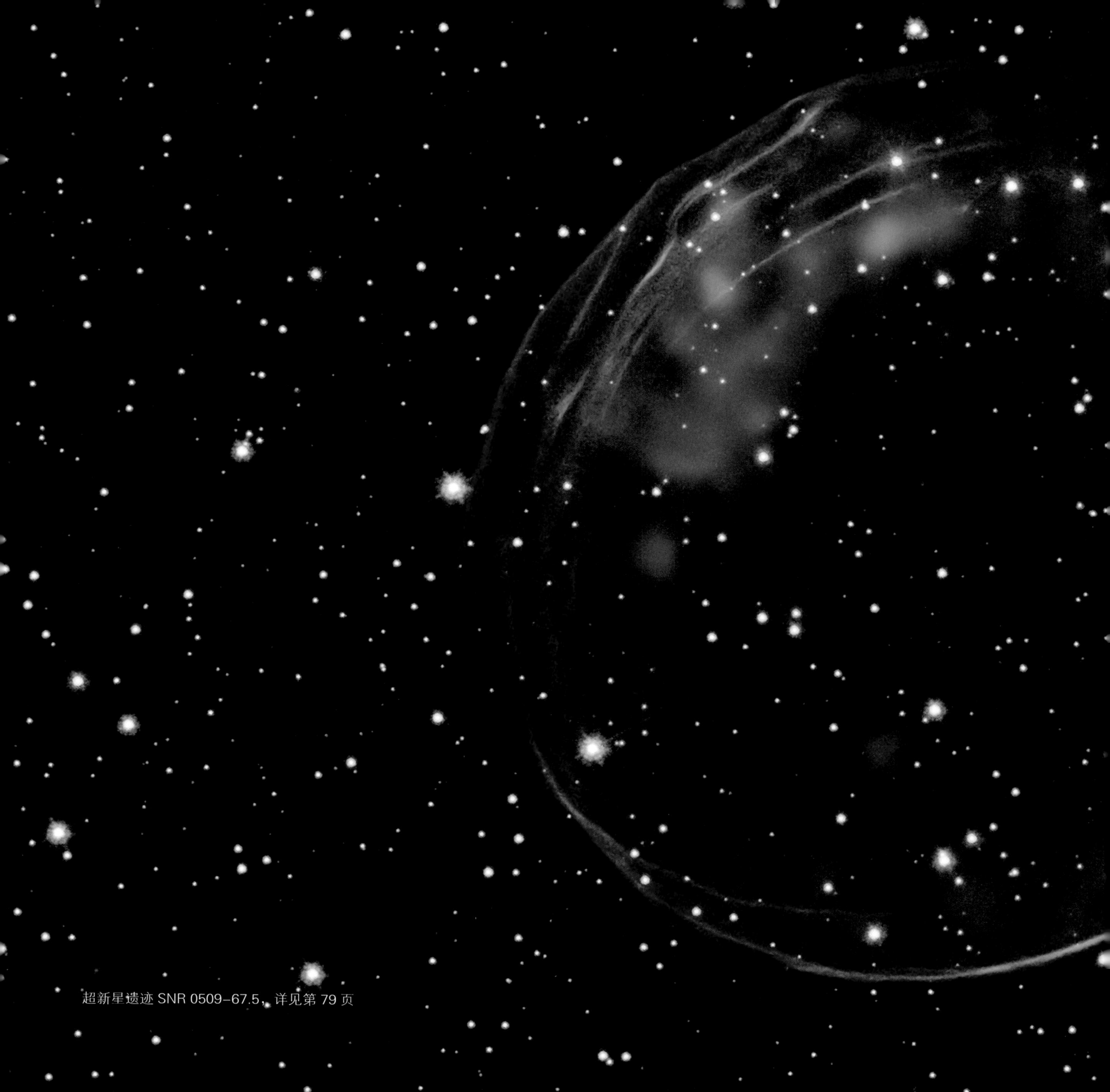

超新星遗迹 SNR 0509-67.5，详见第 79 页

第二章

生死轮回

超新星遗迹 N132D，详见第 58 页。

恒星死亡

正如钱德拉见证了恒星的诞生，它也见证了恒星的死亡。当一颗恒星缺乏足够的燃料时，它中心的核聚变便会停止，于是开始将外层大气抛入太空。大质量恒星会以超新星爆发的形式结束生命，死亡仪式蔚为壮观。伴随着这种既安静又猛烈的方式，恒星的死亡过程进入新的阶段：炽热的气体云迅速膨胀，辐射出明亮的 X 射线。

每隔 50 年左右，我们银河系中就有一颗大质量恒星死亡，产生超新星爆发。超新星爆发是宇宙中最剧烈的事件之一，爆发的威力会产生炫目的辐射闪光，冲击波在太空中隆隆作响。

恒星的死亡不只有暴力的一面，还有更有意义的一面。超新星爆发也是向银河系播撒碳、氮、氧、硅和铁等元素的主要方式，这些元素正是我们已知的生命所必需的。通过超新星爆发，地球上便有了生命所必需的大部分元素，否则这些元素就会被锁定在恒星的熔炉核心里。我们这些生命体的存在完全归功于这些宇宙事件：实际上我们都是星尘的一部分。

像钱德拉这样的 X 射线望远镜对研究超新星遗迹及其产生的元素非常重要，因为超新星爆发会产生极高的温度（数百万摄氏度），甚至在爆发后数千年依然如是。这意味着许多超新星遗迹会一直辐射出最强的 X 射线，而难以被其他类型的望远镜探测到。

超新星爆发后通常会留下一种密度极高的天体，叫作中子星（neutron star）。在某些情况下，两颗大质量恒星爆炸后，即便形成了中子星，依然能形成引力约束系统。如果两颗中子星靠得很近，它们的轨道就会缩小，直到合并，产生引力波，也就是时空涟漪。2017 年，钱德拉就探测到这样一个天文事件的余晖，这也是我们第一次记录下这种天文事件（见第 194 页）。

借助钱德拉，我们对恒星如何庄严地结束它们的生命产生了革命性的理解，这是钱德拉最伟大的科学遗产之一。接下来的图像展示了死亡的恒星，其中一些是几个世纪甚至几千年以来人类所目击到的。这些天体横跨银河系甚至更加遥远，通过把古代天文学家收集到的信息与现代科学有机结合，我们可以对它们的生死轮回有所了解。

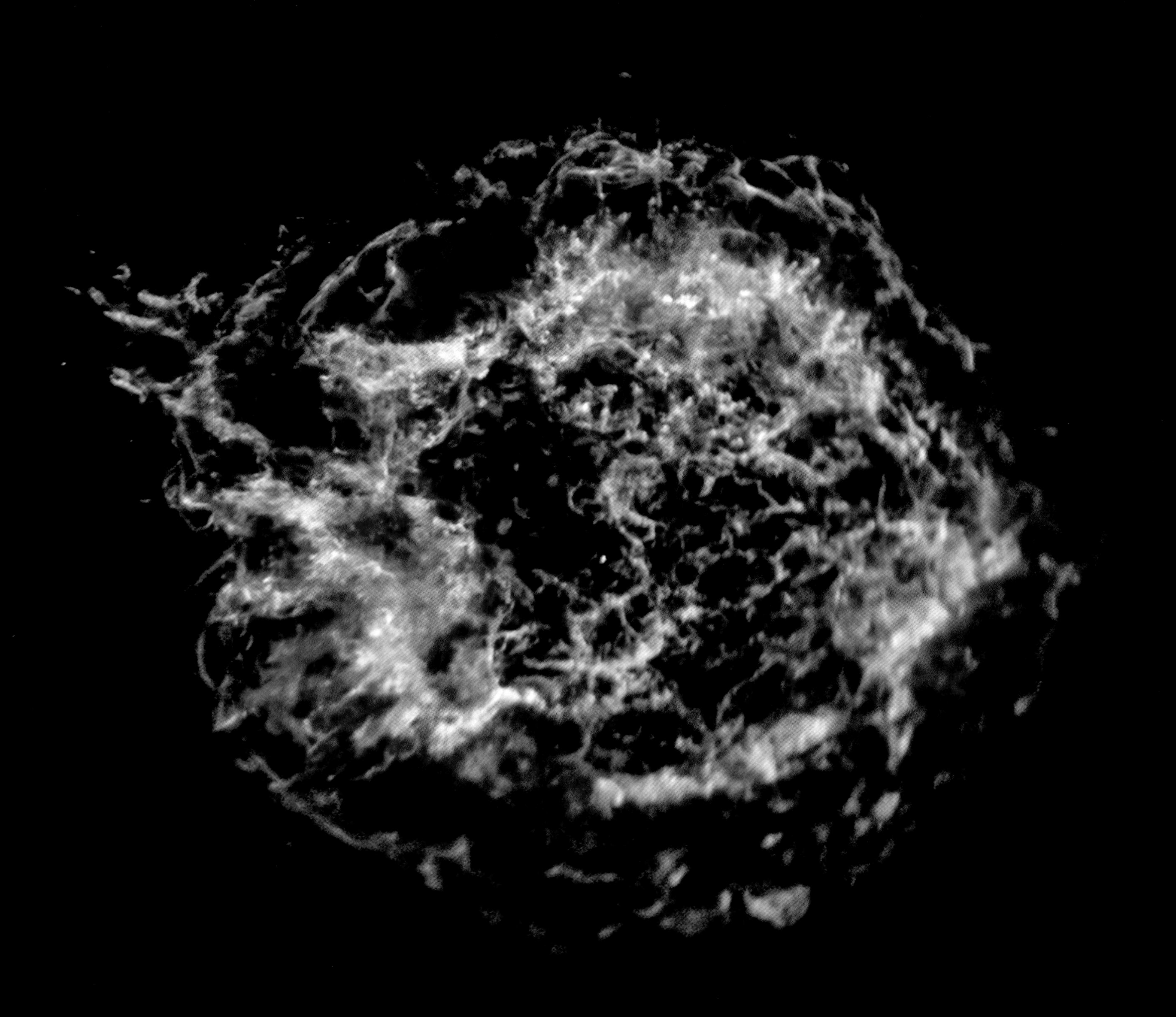

仙后座 A

地球上生命所必需的大部分元素从何而来？它们一部分是恒星内部的核聚变形成的，一部分是恒星生命终结时的爆炸过程形成的。爆炸的恒星和它们的残骸向天文学家展示了恒星是如何产生地球和宇宙中观察到的元素，又是如何把这些元素向星际传播的。仙后座 A（Cassiopeia A）是钱德拉发射升空后观察到的第一批天体之一，它是一个壮观的超新星遗迹，它告诉天文学家这些元素是如何分散到太空中的。

尺度和距离 图像覆盖约 29 光年的天区
距离地球约 1.1 万光年

波长 / 颜色 X 射线波段：红色，黄色，绿色，紫色，蓝色

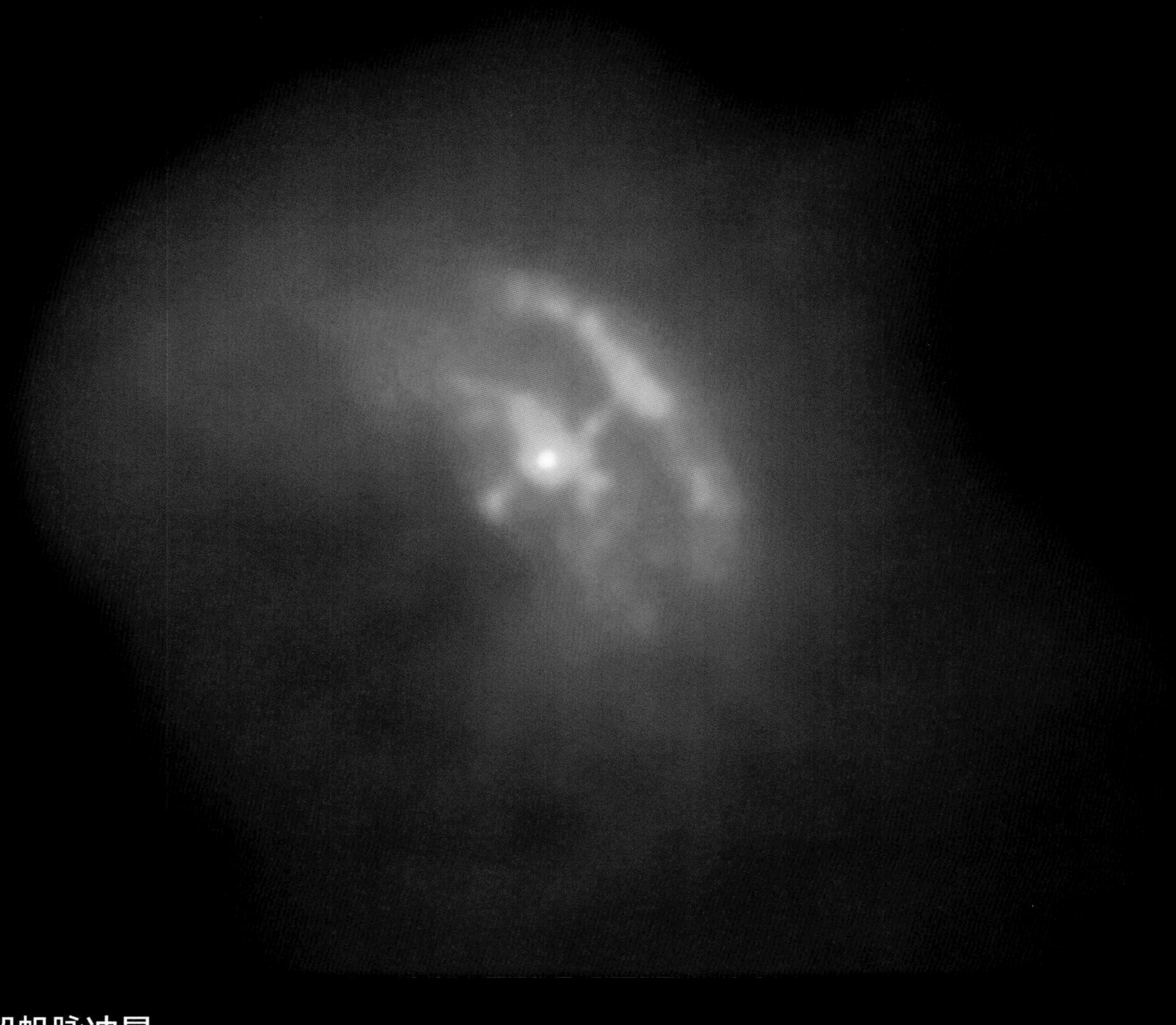

船帆脉冲星

这幅图像中心的船帆脉冲星（Vela pulsar）是一颗死亡了的致密恒星，它仍在旋转，正在向周围数百万摄氏度的气体云中释放高能粒子。1 万年前超新星爆发产生了船帆脉冲星，同时也产生了炽热的膨胀气体，膨胀气体组成了一个巨大球体，这些气体云就是巨大球体的一部分。天文学家认为这次爆发尤其明亮，从地球表面看，它的亮度是金星的 50 倍。

尺度和距离 图像覆盖约 8.7 光年的天区
距离地球约 1 000 光年

波长 / 颜色 X 射线波段：红色到橙色

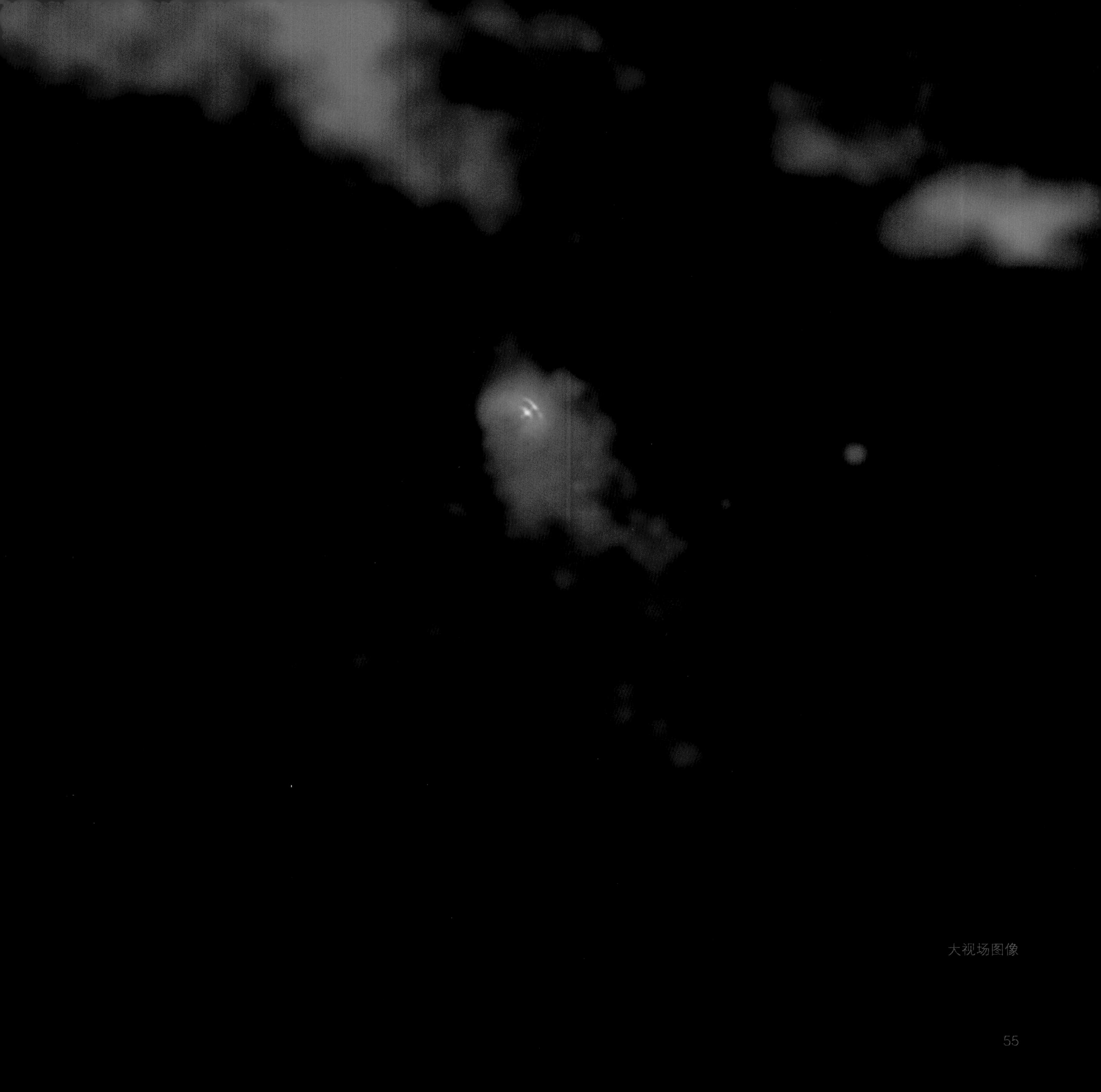

大视场图像

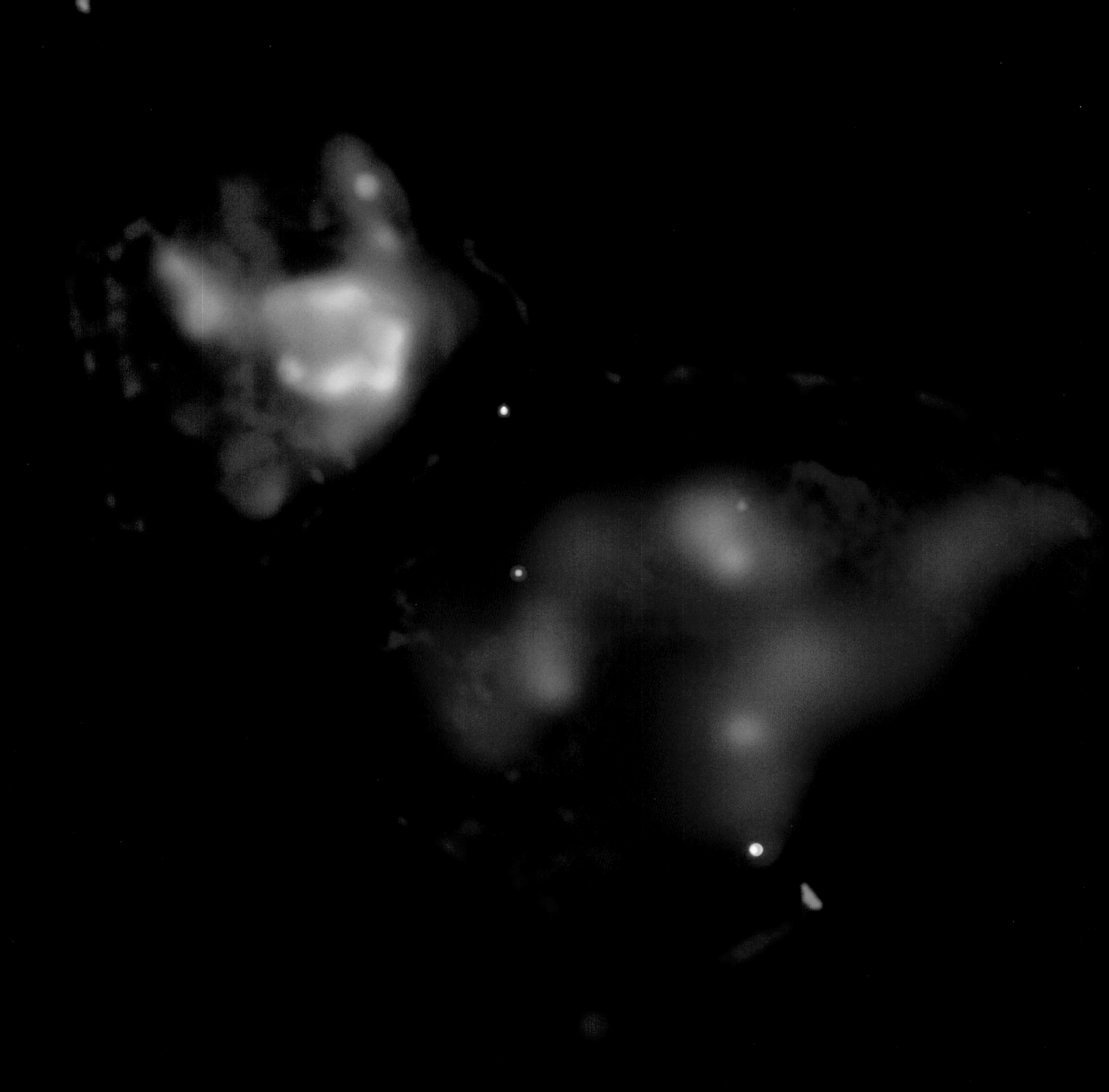

两个超新星遗迹 DEM L316

这幅猫状图像是由大麦哲伦云中两颗恒星爆炸后的残骸组成的。钱德拉的探测数据显示，左上方的热气体外壳比右下方的含有更多的铁元素。这意味着爆炸产生这些气体的两颗恒星年龄完全不同。在这幅图像中，两个气体外壳在可见光下看距离很远，只有在同一条视线上叠加时，才会看起来很近。

尺度和距离　图像覆盖约 265 光年的天区
距离地球约 16 万光年

波长 / 颜色　X 射线波段：红色，绿色，蓝色
光学波段：紫色

超新星遗迹 N132D

N132D 是大麦哲伦云中的超新星遗迹。一颗大质量恒星的爆炸产生了马蹄形的热X射线气体云，投射在光学波段由成千上万颗恒星铺就的背景上。爆炸产生的冲击波将该区域周围的星际气体加热到能辐射 X 射线的数百万摄氏度的高温。光学数据显示的是较冷的气体和一小团明亮的新月状的氢气发射云。

尺度和距离 图像覆盖约 150 光年的天区
距离地球约 16 万光年

波长 / 颜色 X 射线波段：蓝色
光学波段：粉色，紫色

大视场图像

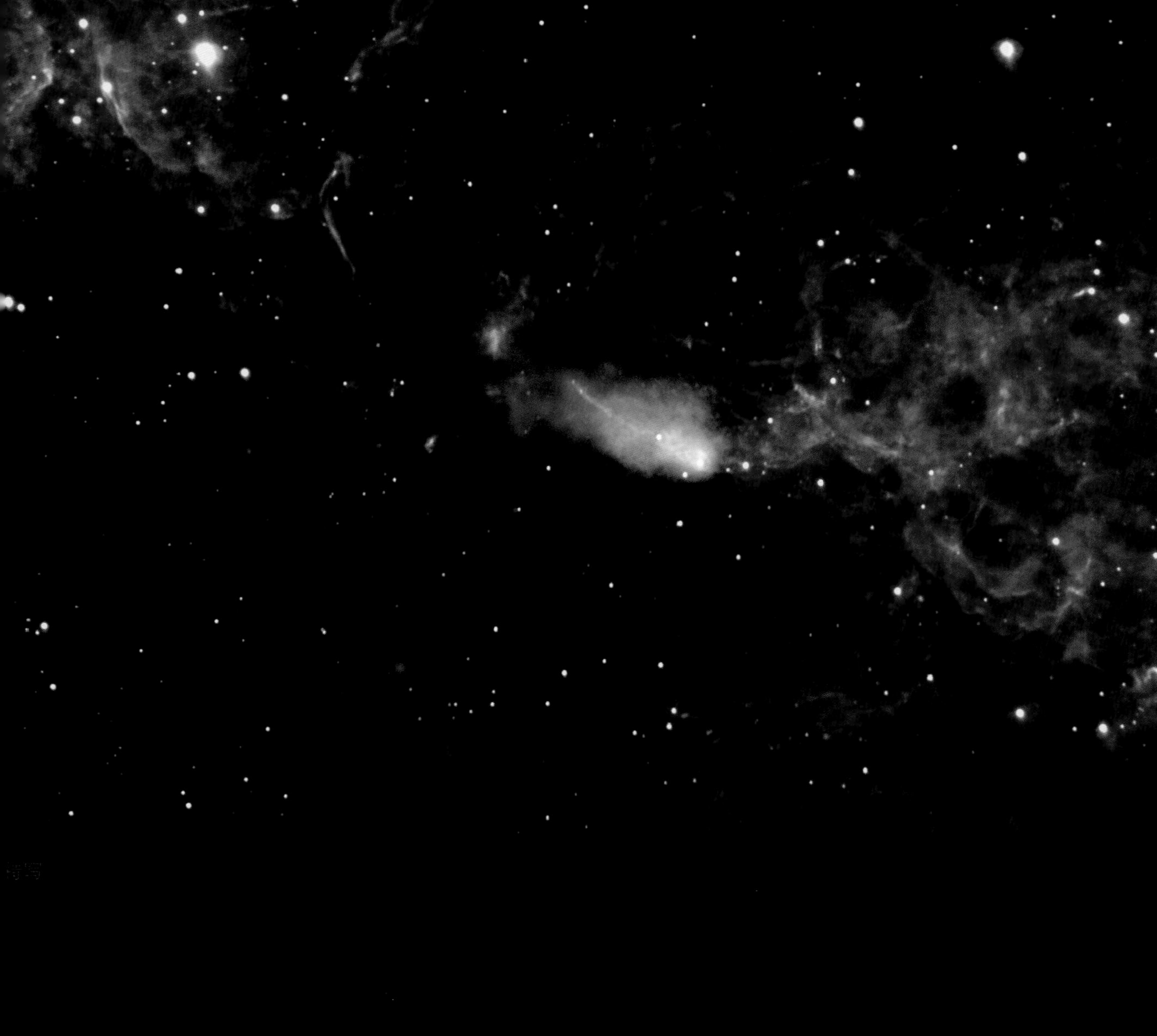

超新星遗迹 IC 443 中的中子星 J0617

这个被称为 J0617 的天体是一颗位于超新星遗迹 IC 443 的中子星。中子星奇异而迷人，由紧密堆积的中子组成，是恒星爆炸后形成的致密天体。这幅特写图像显示，J0617 在太空中高速飞行时，喷射出一股类似彗星的高能粒子尾流。大视场图像显示了来自 ROSAT 和钱德拉的 X 射线，以及 IC 443 的射电和光学观测结果。

尺度和距离 大视场图像覆盖约 68 光年的天区
特写图像覆盖约 14 光年的天区
距离地球约 5 000 光年

波长 / 颜色 X 射线波段：蓝色
射电波段：绿色
光学波段：红色

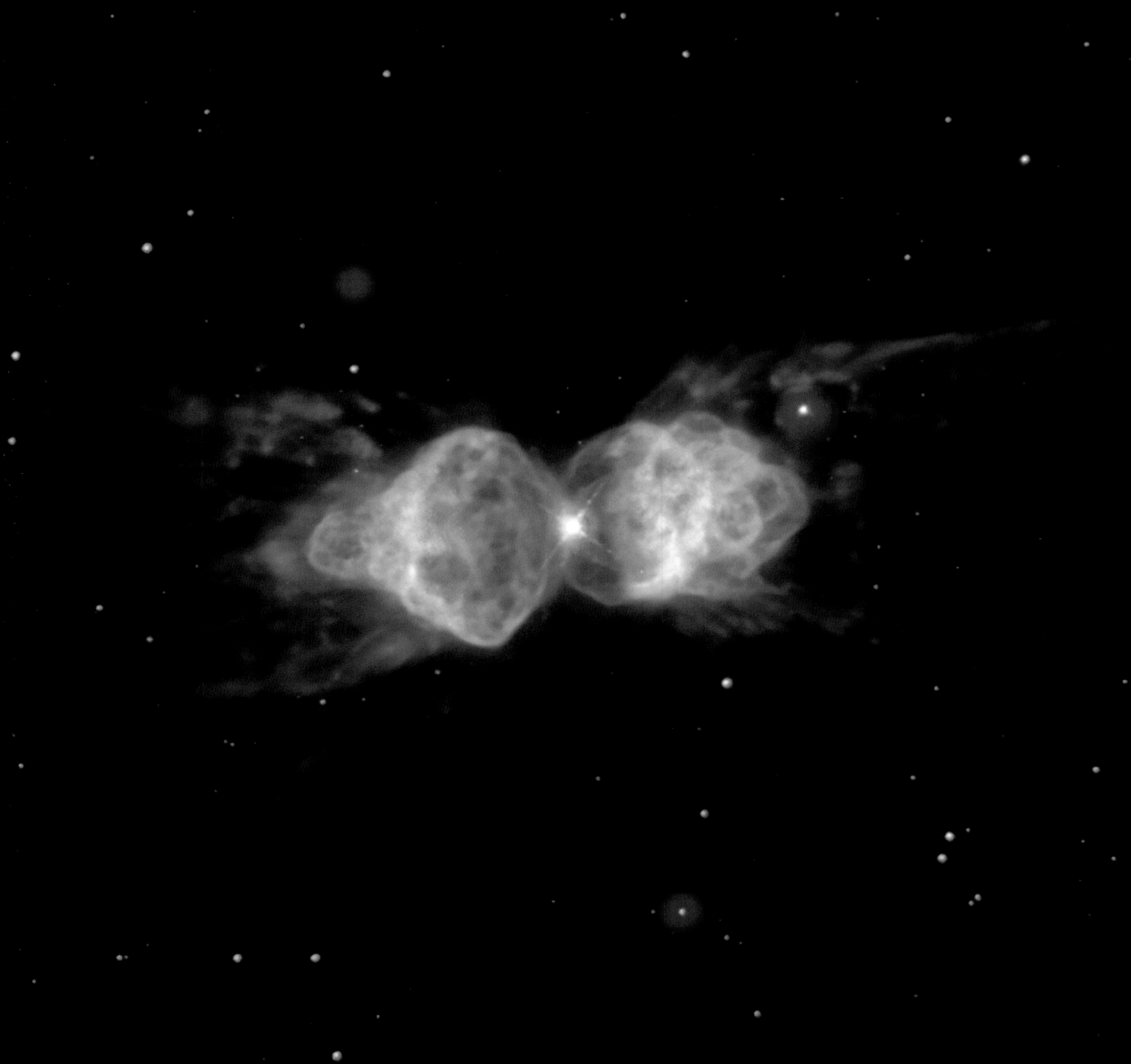

蚂蚁星云

蚂蚁星云（Ant Nebula，也称 Mz3）是一个行星状星云。通过小型望远镜观察时，这类星云中的一些看起来就像行星一样，因此在过去的几个世纪里，天文学家将这些天体称为行星状星云。事实上，它们与行星没有任何关系，而是代表了像太阳一样的恒星的生命晚期阶段，在这个阶段恒星外层向外膨胀。在这幅蚂蚁星云的 X 射线、光学和红外图像中，动态拉长的星云包裹着数百万摄氏度高温的气体泡，这些气体泡产生于濒死恒星释放的高速风。

尺度和距离　图像覆盖约 1.6 光年的天区
距离地球约 3 000 光年

波长 / 颜色　X 射线波段：蓝色
光学 / 红外波段：绿色和红色

行星状星云 BD+30-3639

行星状星云 BD+30-3639 的图像显示，在一颗垂死的恒星周围，有一个数百万摄氏度高温的气体泡，大约是我们太阳系直径的 100 倍。当一颗像太阳这样的恒星耗尽其核心的所有氢燃料时，它就会向外膨胀，以非常壮观的方式将外层大气抛入太空。这幅多波段图像显示了气体泡形成大约 1 000 年后星云在 X 射线、光学和红外光下的样子。

尺度和距离 图像覆盖约 0.45 光年的天区
距离地球约 5 000 光年

波长 / 颜色 X 射线波段：蓝色
光学 / 红外波段：绿色和红色

行星状星云 Hen 3-1475

Hen 3-1475 是一个正在形成中的年轻行星状星云。在这个系统中心，垂死的恒星周围有一个厚厚的物质环，结构类似甜甜圈。天文学家发现，高速气体从这颗恒星的两极喷出，随着时间的推移，这种喷流使得恒星缓慢地进动或变向，就像一个玩具陀螺绕着它的轴摆动。这些快速移动的喷流和这种不寻常的运动可能赋予了这个行星状星云不寻常的外形。

尺度和距离 图像覆盖约 1.6 光年的天区
距离地球约 1.8 万光年

波长 / 颜色 X 射线波段：蓝色
光学 / 红外波段：绿色和红色

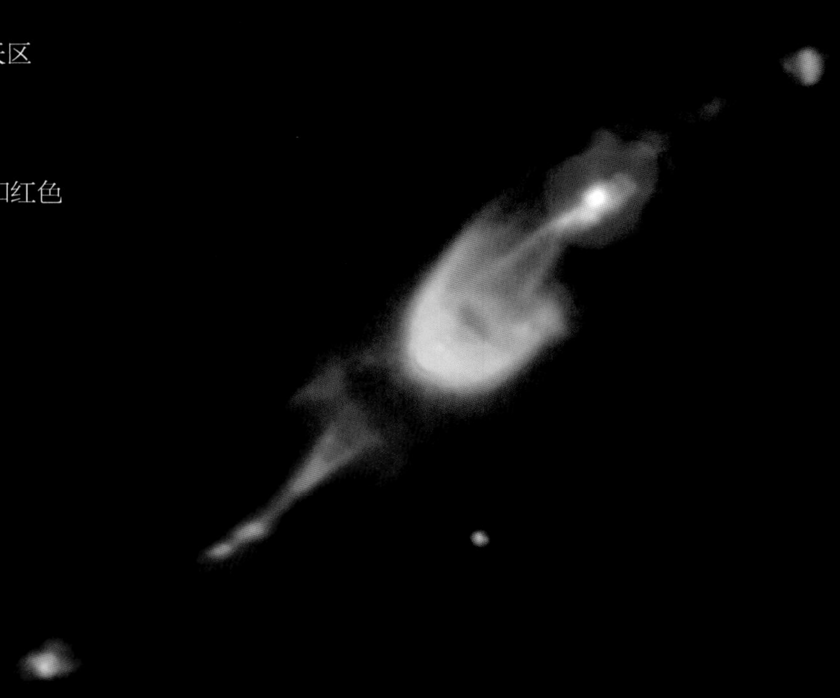

行星状星云 NGC 7027

NGC 7027 展示了一颗像太阳的恒星的残骸，它已经喷射出了大部分质量，现在暴露出它的炽热内核。这个行星状星云的 X 射线很可能是该恒星炽热内核喷出的快速气体风与它在稍早时红巨星阶段喷出的慢速气体风相撞形成的。这次碰撞把物质加热到几百万摄氏度，因此辐射出明亮的 X 射线。图中还显示了较冷物质发出的可见光辐射和红外辐射。

尺度和距离 图像覆盖约 0.25 光年的天区
距离地球约 3 000 光年

波长 / 颜色 X 射线波段：蓝色
光学 / 红外波段：绿色和红色

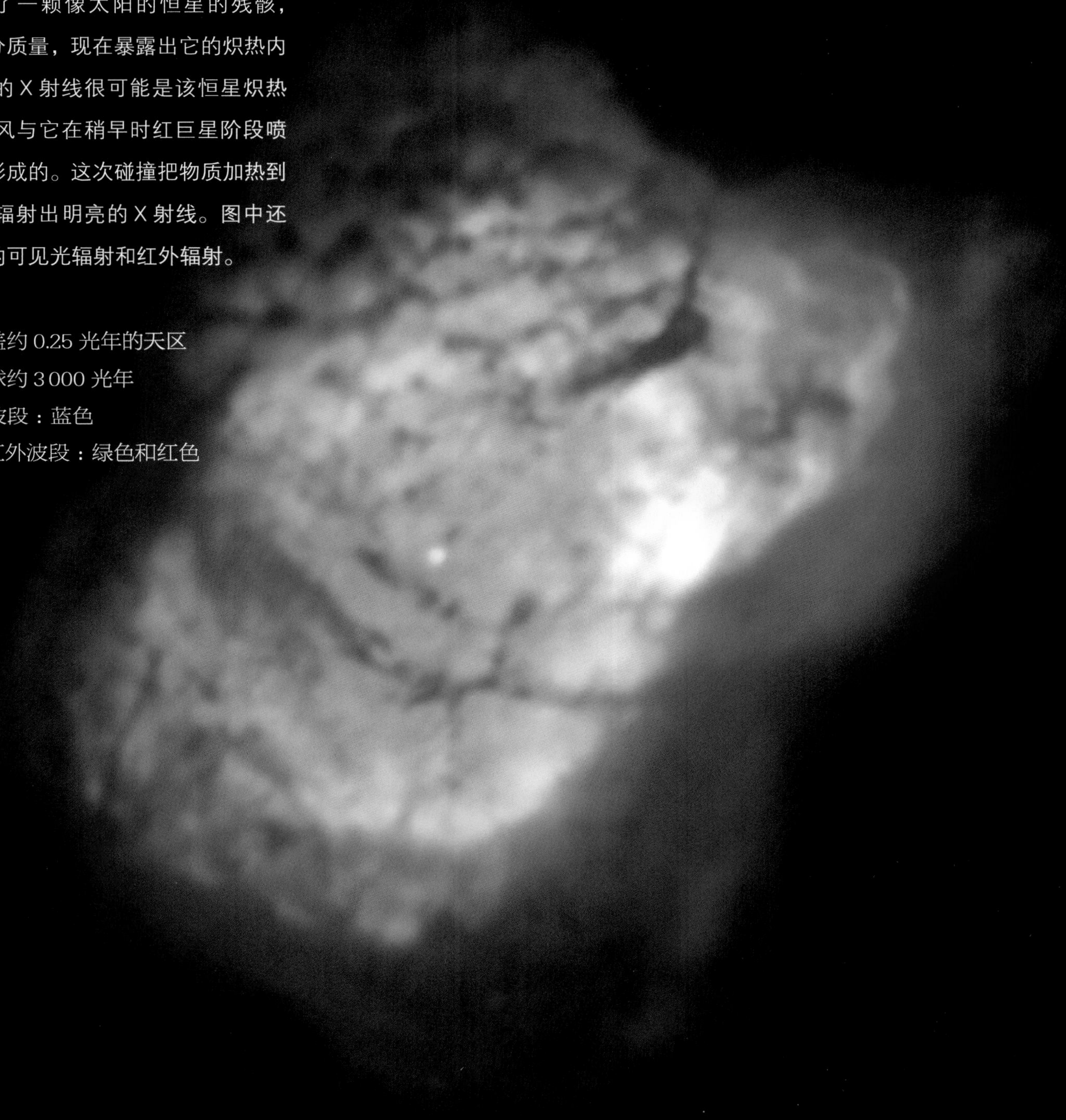

超新星遗迹 RCW 86

超新星遗迹 RCW 86（第 102 页也有显示）可能是曾经被人类记录的最早的超新星爆发现象之一。公元 185 年，中国的天文学家*，也许还有罗马天文学家，就观测到了它。XMM 牛顿望远镜获得了大范围的 X 射线数据，而钱德拉的观测则集中在研究人员感兴趣的重要区域（方框标识），并提供了关于残骸关键区域的更多细节信息。

尺度和距离 图像覆盖约 95 光年的天区
距离地球约 8 200 光年

波长 / 颜色 X 射线波段：红色，绿色，蓝色

*据《后汉书·天文志》记载："中平二年十月癸亥，客星出南门中，大如半筵，五色喜怒，稍小，至后年六月消。"由此可知，这次超新星爆发在天空中约半张竹席大小，照耀了 8 个月之久。

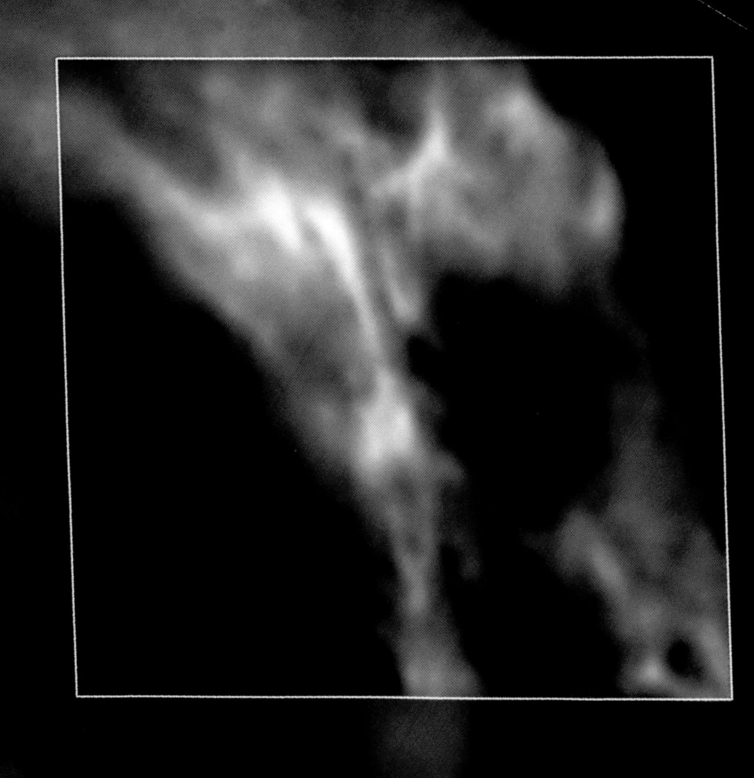

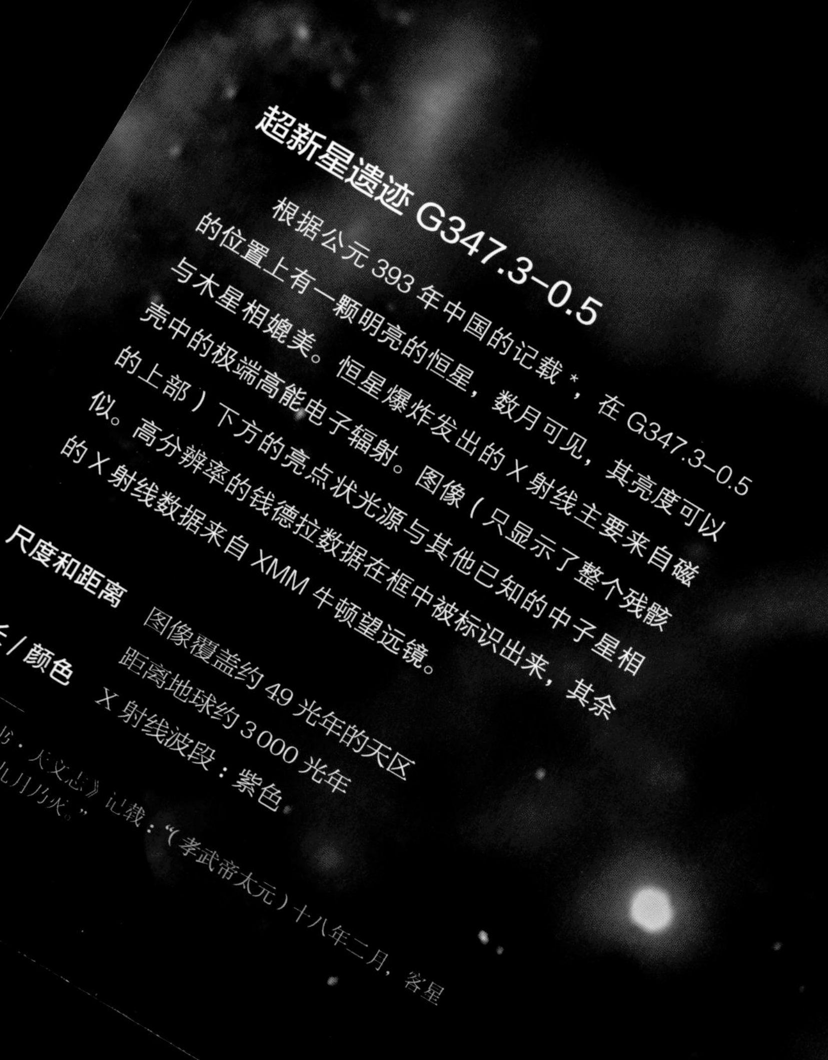

超新星遗迹 G347.3−0.5

根据公元 393 年中国的记载*，在 G347.3−0.5 的位置上有一颗明亮的恒星，数月可见，其亮度可以与木星相媲美。恒星爆炸发出的 X 射线主要来自磁壳中的极端高能电子辐射。图像（只显示了整个残骸的上部）下方的亮点状光源与其他已知的中子星相似。高分辨率的钱德拉数据在框中被标识出来，其余的 X 射线数据来自 XMM 牛顿望远镜。

尺度和距离　图像覆盖约 49 光年的天区
距离地球约 3 000 光年

长 / 颜色　X 射线波段：紫色

---

*……·天文志》记载：“（孝武帝太元）十八年二月，客星……九月乃灭。”

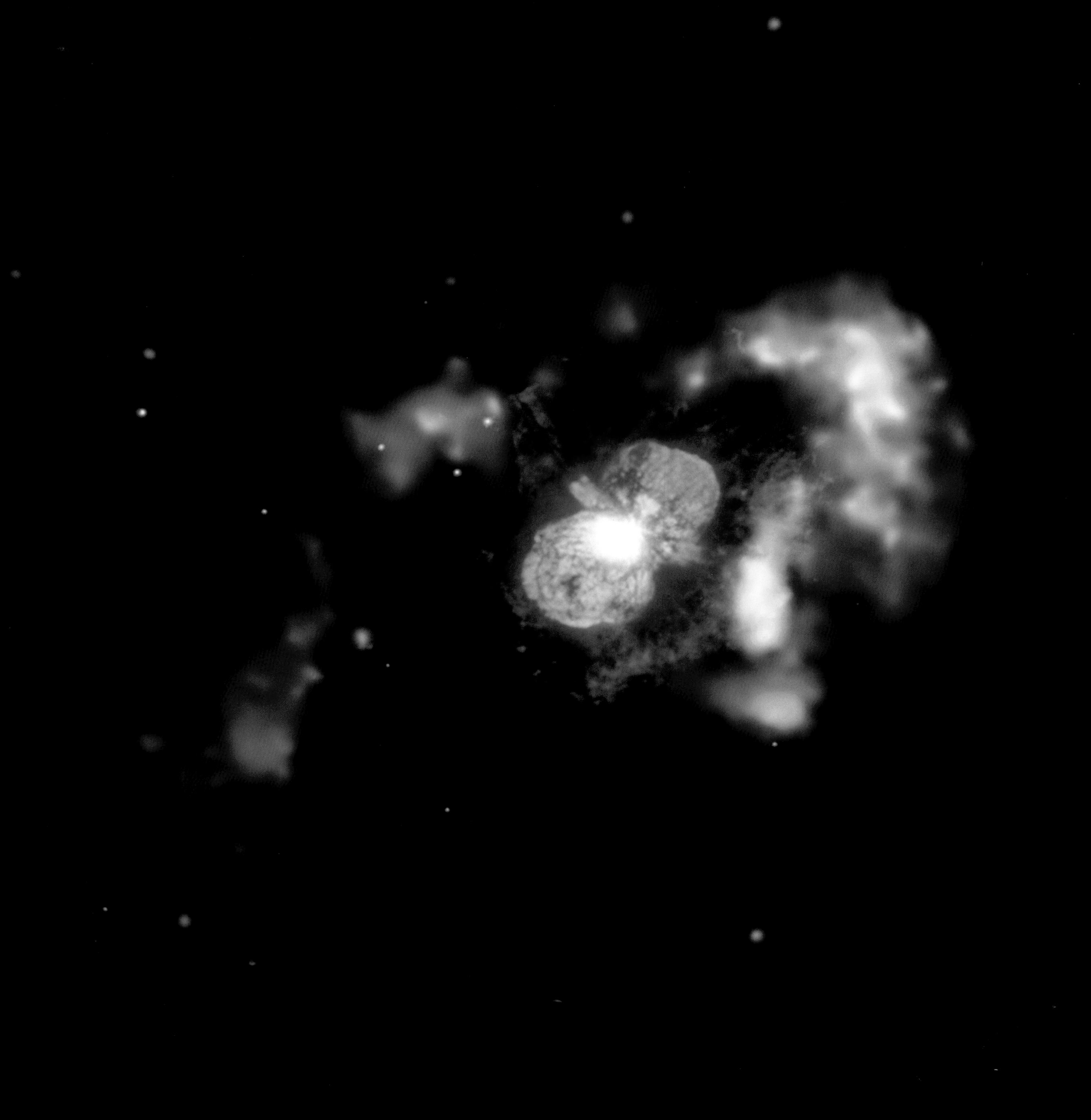

船底座 η

船底座 η（Eta Carinae，也称海山二）可能是一个约 150 倍太阳质量的双星系统。天文学家认为这个不寻常的系统在 19 世纪 40 年代经历了一次巨大的爆发。钱德拉的 X 射线数据显示，那次爆发产生的物质与附近的气体和尘埃发生了碰撞。光学数据显示，从恒星喷射出的物质形成了双极结构。这颗恒星被认为正在以惊人的速度消耗其核燃料，并将爆炸成超新星。

尺度和距离 图像覆盖约 4.8 光年的天区
距离地球约 7 500 光年

波长 / 颜色 X 射线波段：黄色到蓝紫色
光学波段：蓝色

概念图

光学图像

超新星 SN 2006gy

超新星 SN 2006gy 是有记录以来最亮的恒星爆炸之一，它可能是人们长期以来一直想寻找的一种新型超新星。这一发现表明，在早期宇宙中，超大质量恒星的剧烈爆炸相对来说比较常见，因此 SN 2006gy 让我们得以一窥宇宙中最早的恒星是如何死亡的。左页的概念图描绘了恒星爆炸的景象，本页右上方是光学观测图像，右下方是钱德拉 X 射线观测图像。本页两幅图像的右上角显示了超新星 SN 2006gy 的特征，左下角则是来自其星系中心的光线。

X 射线图像

尺度和距离 每幅图像覆盖约 3 000 光年的天区
距离地球约 2.38 亿光年

波长 / 颜色 X 射线波段：紫色
光学波段：红色，绿色，蓝色

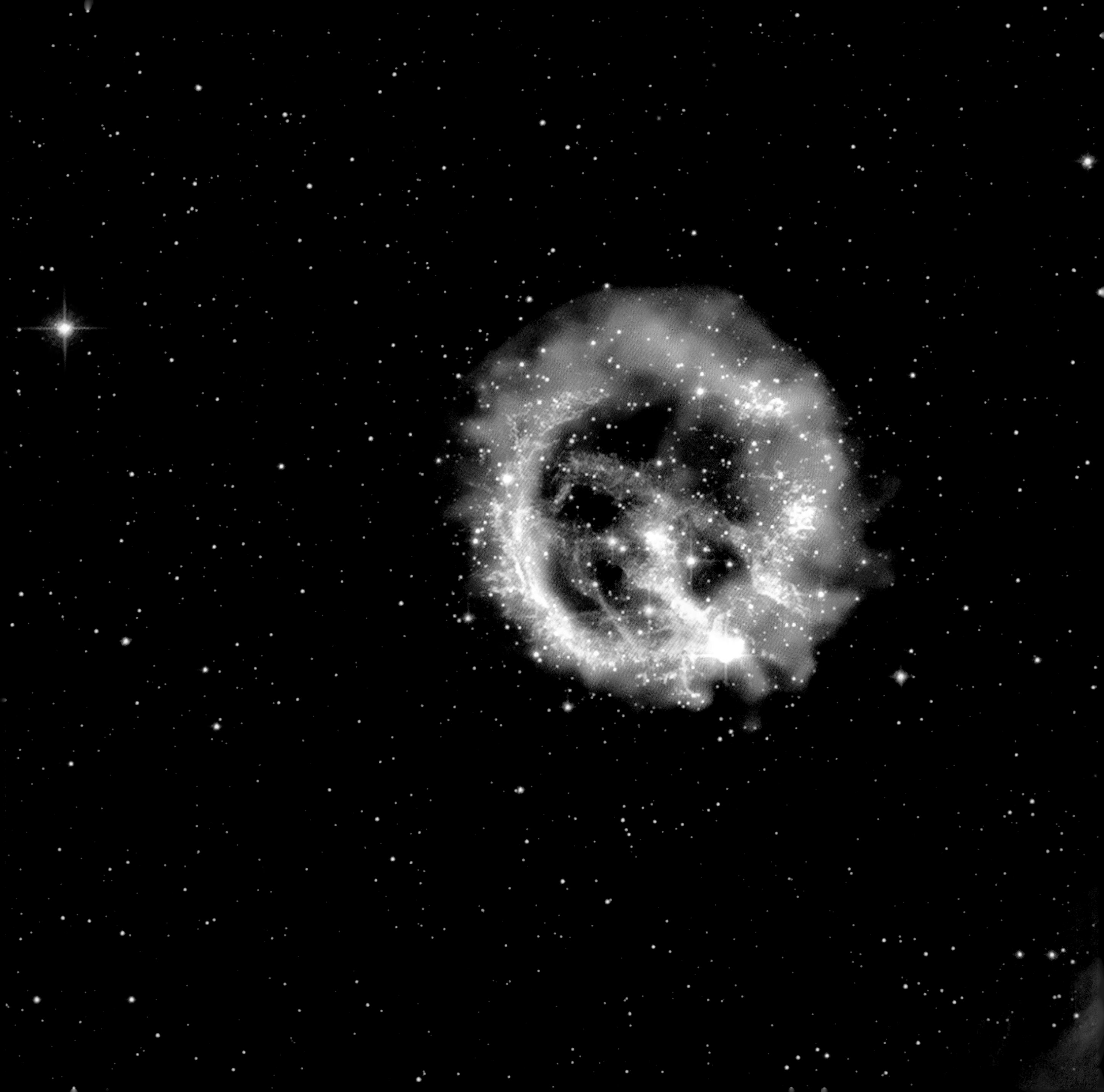

超新星遗迹 E0102-72.3

E0102-72.3 是小麦哲伦云中的超新星遗迹。这幅图像由钱德拉和哈勃的探测数据合成，显示了一颗大质量恒星爆炸后的诸多细节特征，这颗恒星的爆炸在 1 000 多年前就可以在地球上观测到了。钱德拉的数据展示了超新星爆发产生的外部冲击波以及较冷的物质形成的内环。

尺度和距离 图像覆盖约 165 光年的天区
距离地球约 20 万光年

波长 / 颜色 X 射线波段：蓝色，蓝绿色，橙色
光学波段：蓝色，绿色，红色

超新星遗迹 PSR B1509-58

PSR B1509-58 包含一颗具有 1 700 年历史的脉冲星。这颗脉冲星的直径只有 19.3 千米，位于钱德拉图像的中心，它正在向周围空间喷射能量，形成了一个直径 150 光年的复杂而有趣的结构。这颗脉冲星每秒可以自转 7 圈，据估计，其表面的磁场比地球磁场强 15 万亿倍。

尺度和距离 图像覆盖约 97 光年的天区
距离地球约 1.7 万光年
波长 / 颜色 X 射线波段：红色，绿色，蓝色

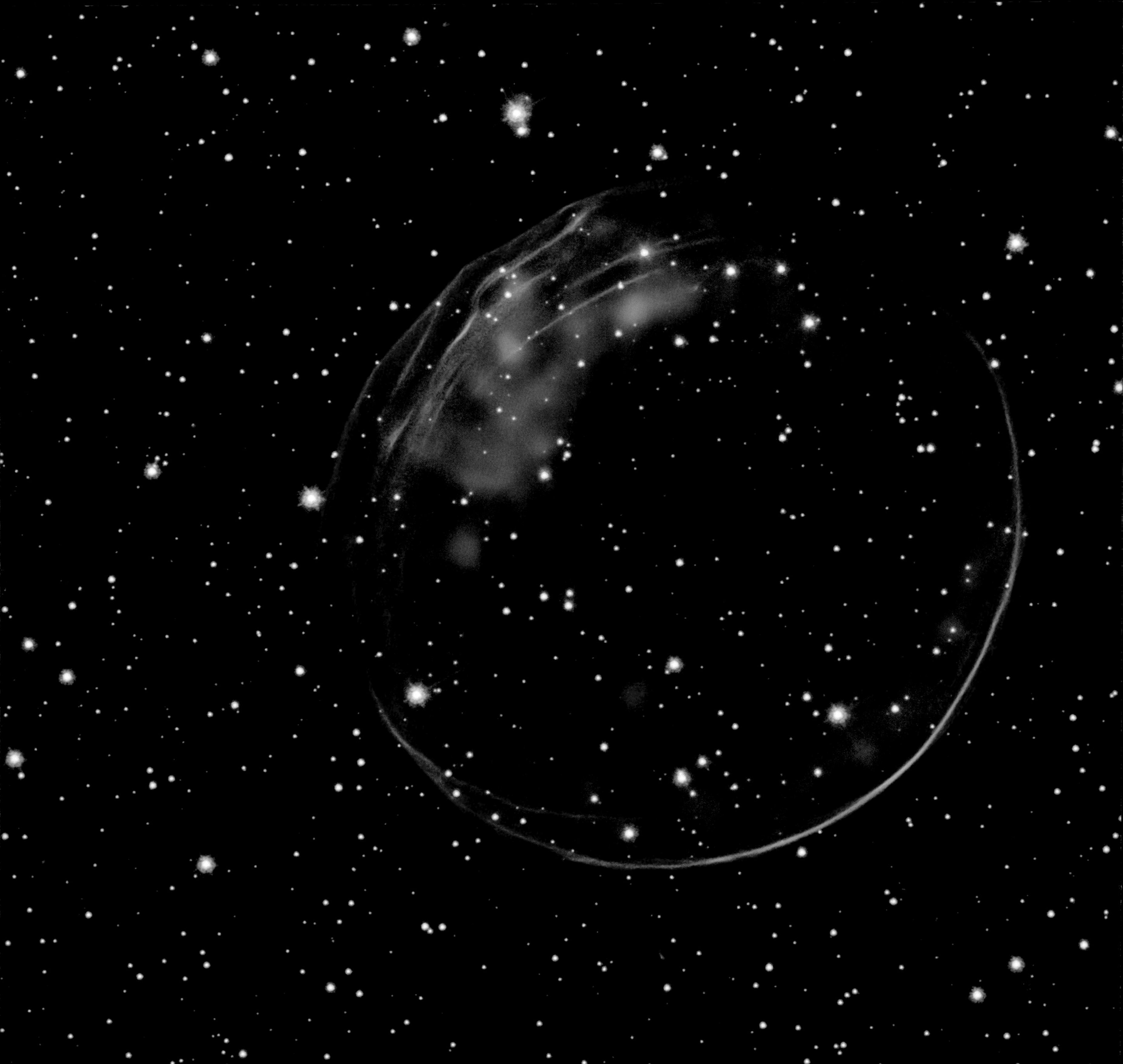

超新星遗迹 SNR 0509-67.5

超新星遗迹 SNR 0509-67.5 是约 400 年前可在地球上观测到的一次超新星爆发形成的。钱德拉的 X 射线数据显示，残骸中心的物质被加热到数百万摄氏度。这幅图像结合了光学数据，显示了恒星场和被膨胀的冲击波所撞击的气体。气泡形状的气体（红色）直径约为 23 光年，正在以超过 5 000 千米每秒的速度向外膨胀。

尺度和距离 图像覆盖约 58 光年的天区

距离地球约 16 万光年

波长 / 颜色 X 射线波段：绿色，蓝色

光学波段：橙色，红色，紫罗兰色

猫眼星云

猫眼星云（NGC 6543）是行星状星云，代表了我们的太阳在几十亿年后将经历的一个阶段。在这一阶段，太阳将膨胀为一颗红巨星，然后剥离大部分外层，留下一个炽热的核心，核心会坍缩成一颗致密的白矮星。濒死恒星的粒子风与喷射出的大气碰撞产生冲击波，钱德拉在“猫眼”（哈勃的光学数据显示）中探测到的 X 射线辐射就是由此形成的。

尺度和距离 图像覆盖约 1.7 光年的天区
距离地球约 3 000 光年

波长 / 颜色 X 射线波段：紫色
光学波段：橙色，蓝色

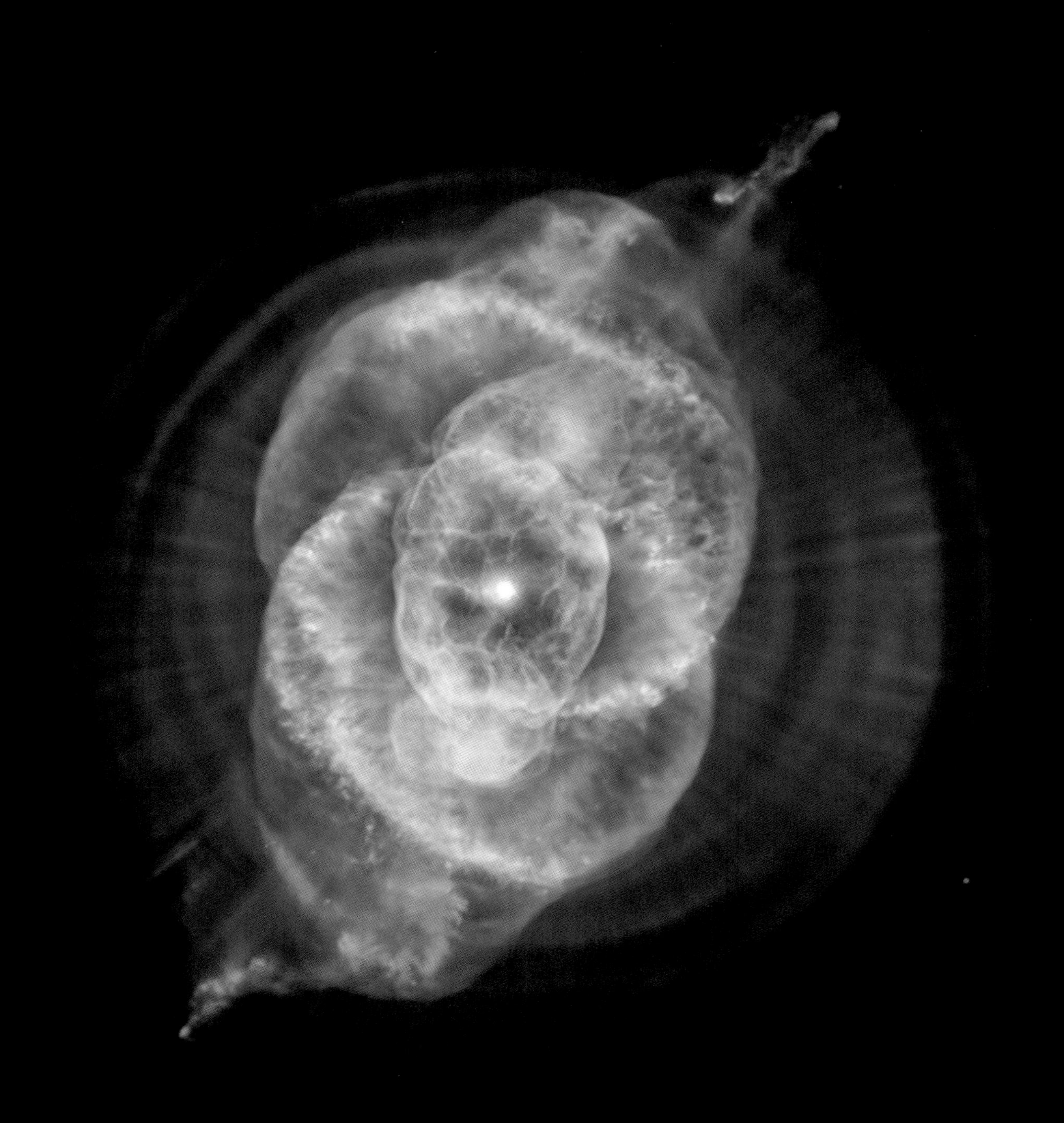

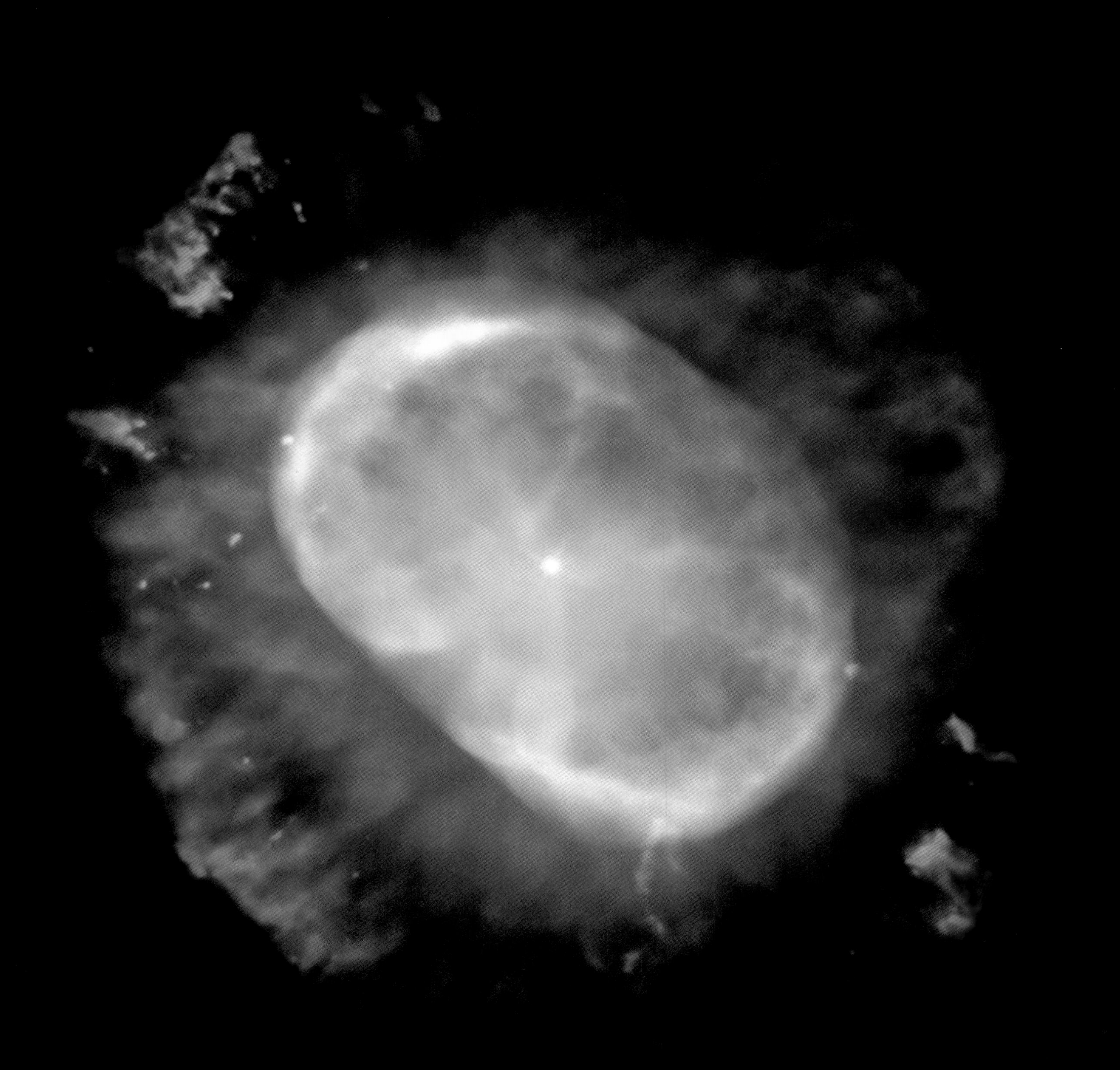

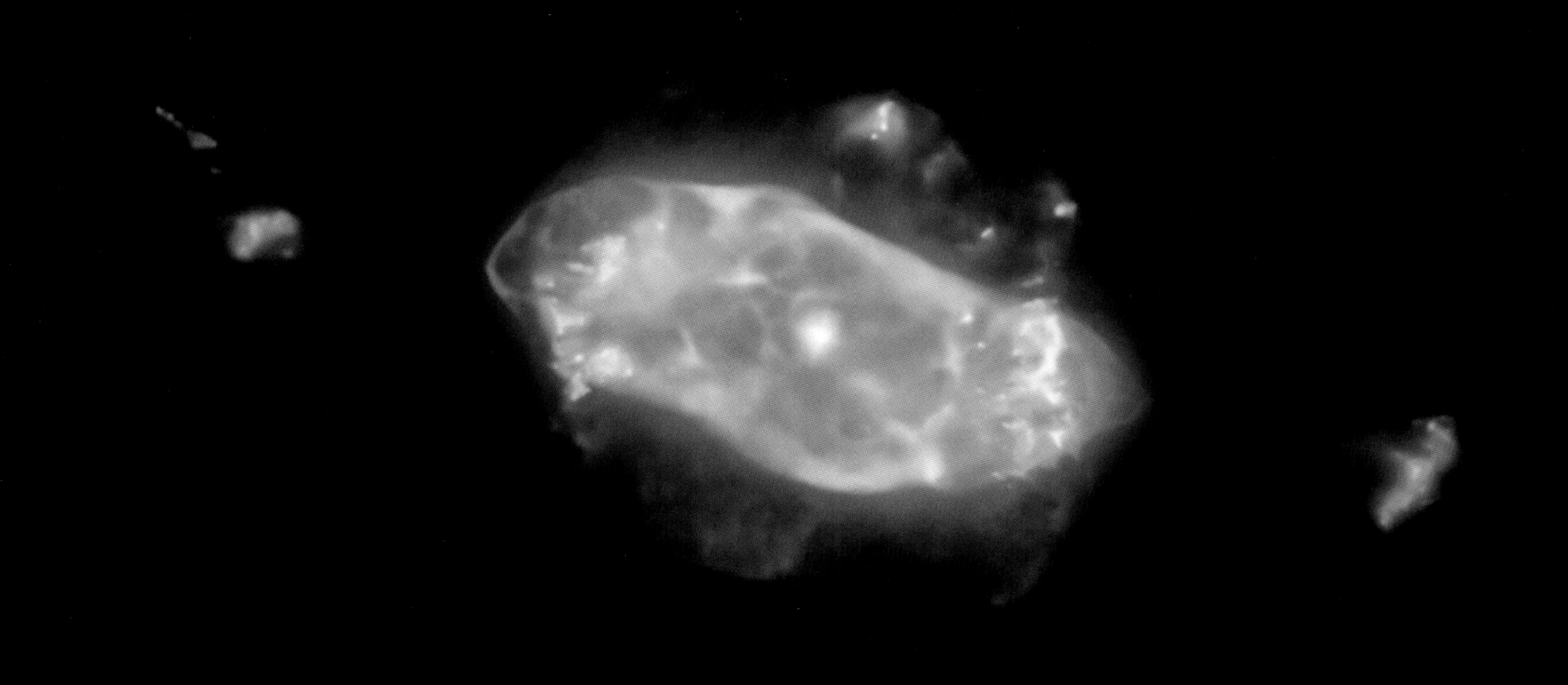

左页图

行星状星云 NGC 7662

NGC 7662，也称为蓝雪球（Blue Snowball），因其外形呈圆形又在光学波段呈蓝色而得名。1784年，著名天文学家威廉·赫歇尔（William Herschel）首次发现了这个位于仙女座的行星状星云。两个多世纪后，天文学家已经可以用赫歇尔从未想过的方式研究这个天体了。这幅合成图像结合了钱德拉的X射线数据和哈勃的光学观测数据。

尺度和距离 图像覆盖约 0.73 光年的天区
距离地球约 4 100 光年

波长 / 颜色 X 射线波段：紫色
光学波段：红色，绿色，蓝色

上图

行星状星云 NGC 7009

NGC 7009 被称为土星状星云，是位于宝瓶座的行星状星云。它之所以被称为土星状星云，是因为其形状类似于我们太阳系中的有环行星。与所有行星状星云一样，NGC 7009 本来是一颗像我们的太阳一样的恒星，它耗尽核心的氢，不能进一步进行核聚变后，开始剥离其外层。这些物质随后被强烈的星风吹走，形成了这里在 X 射线和光学波段下观测到的星云，其中心是一颗白矮星。

尺度和距离 图像覆盖约 1.8 光年的天区
距离地球约 4 700 光年

波长 / 颜色 X 射线波段：紫色
光学波段：红色，绿色，蓝色

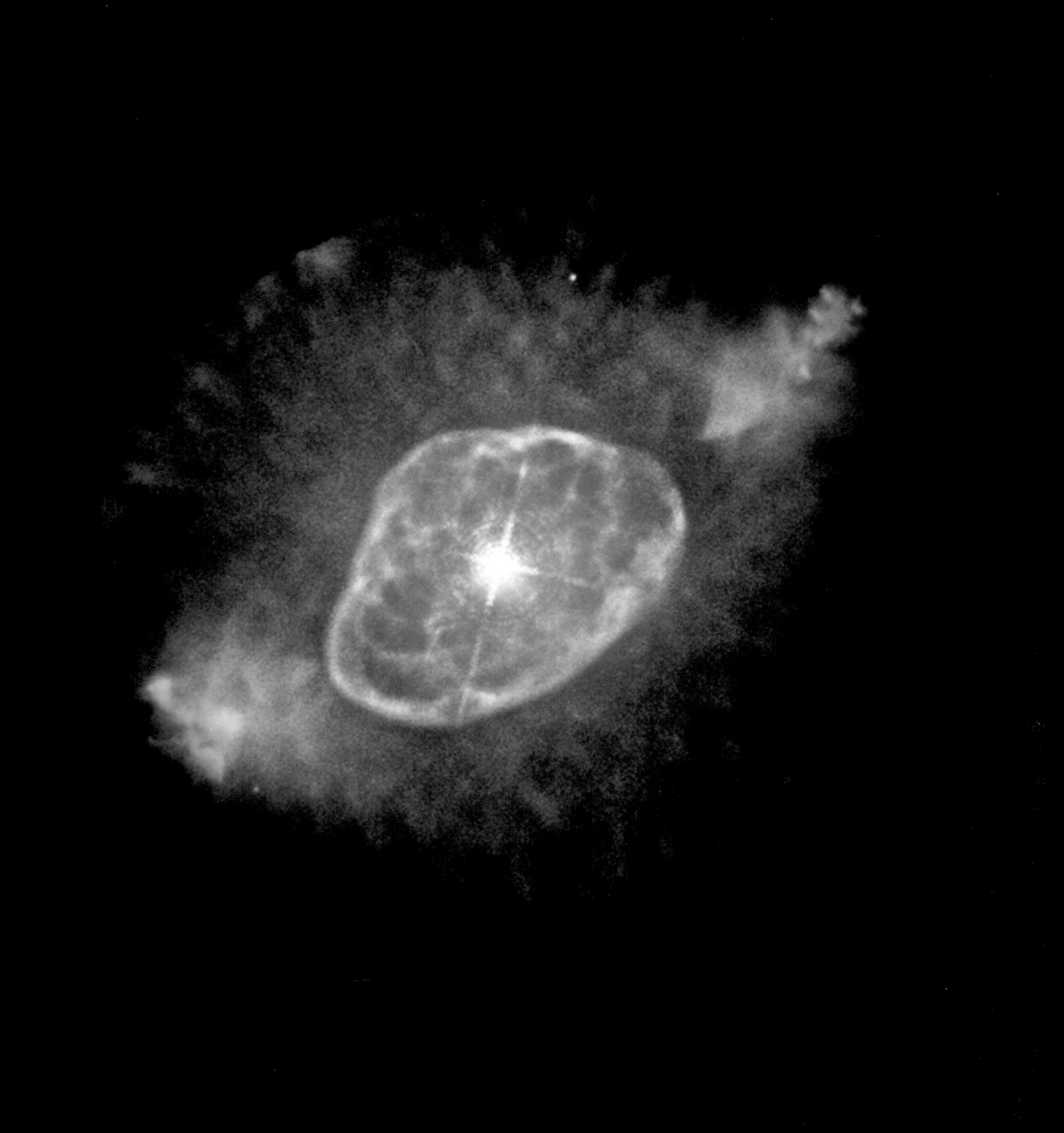

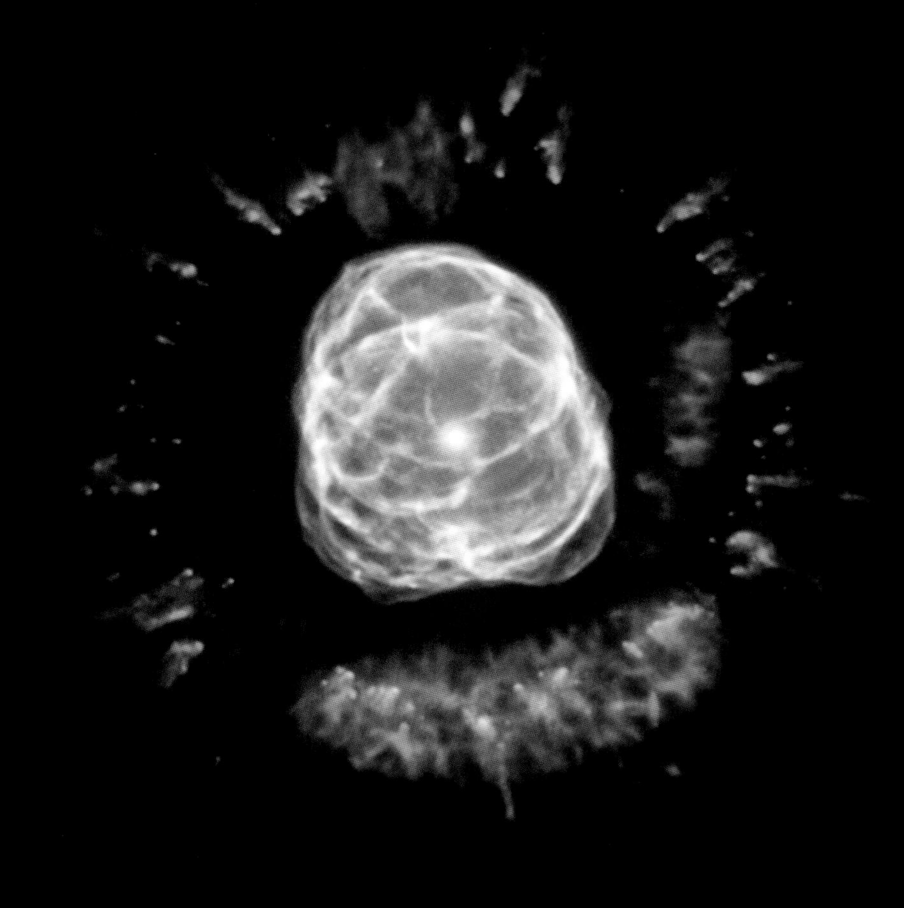

左页图

眨眼星云

眨眼星云（NGC 6826）是一个行星状星云，在光学和 X 射线的光线下，它有点像一只眼睛。在其一生的大部分时间中，周围的气体都属于中心恒星，这些气体很有可能占其近一半的质量。这颗炽热恒星的残骸（位于粉色椭圆中心）推动一股疾风吹向更老的物质，形成一个加热的气泡，将较老的气体推到前面形成一个明亮的边缘。这颗注定死亡的恒星是附近所有行星状星云中最亮的恒星之一。

尺度和距离 图像覆盖约 0.77 光年的天区
距离地球约 4 200 光年

波长 / 颜色 X 射线波段：紫色
光学波段：红色，绿色，蓝色

上图

爱斯基摩星云

当像我们的太阳这样的恒星耗尽其核心的所有氢时，它就变成了行星状星云，如爱斯基摩星云（NGC 2392，也称小丑脸星云）。在这个阶段，恒星开始冷却，向外膨胀，半径增加到原来的几十到几百倍。最终恒星的外层物质被扫走，留下一个炽热的核心。炽热恒星核发出的辐射与星风相互作用，形成了在 X 射线和可见光波段观测到的复杂的、丝状的行星状星云外壳。

尺度和距离 图像覆盖约 1.2 光年的天区
距离地球约 4 200 光年

波长 / 颜色 X 射线波段：粉色
光学波段：橙色，绿色，蓝色

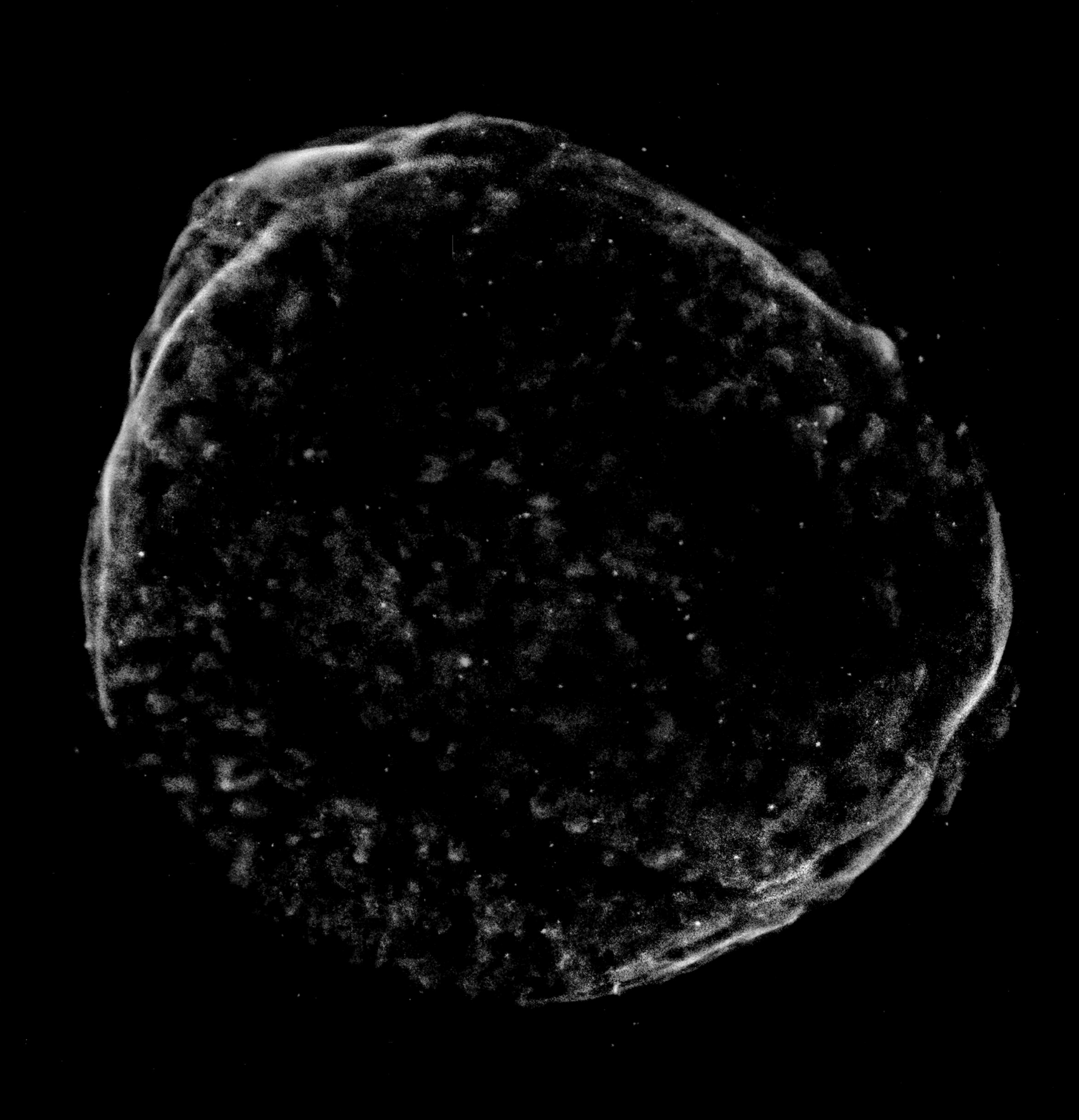

超新星 SN 1006

公元 1006 年，一颗新星突然出现在地球上空。几天后，它变得比金星还要亮。这颗新星被称为 SN 1006，可能是人类历史上有记录以来最亮的超新星。SN 1006 预示的不是一颗新恒星的出现，而是一颗旧恒星的灾难性死亡。它很可能是一颗白矮星，在爆炸之前，它一直从一颗绕行的伴星上吸走物质。如今，钱德拉 X 射线天文台在这片碎片区捕捉到它所发出的明亮的 X 射线。

尺度和距离　图像覆盖约 70 光年的天区
距离地球约 7 000 光年

波长 / 颜色　X 射线波段：红色，绿色，蓝色

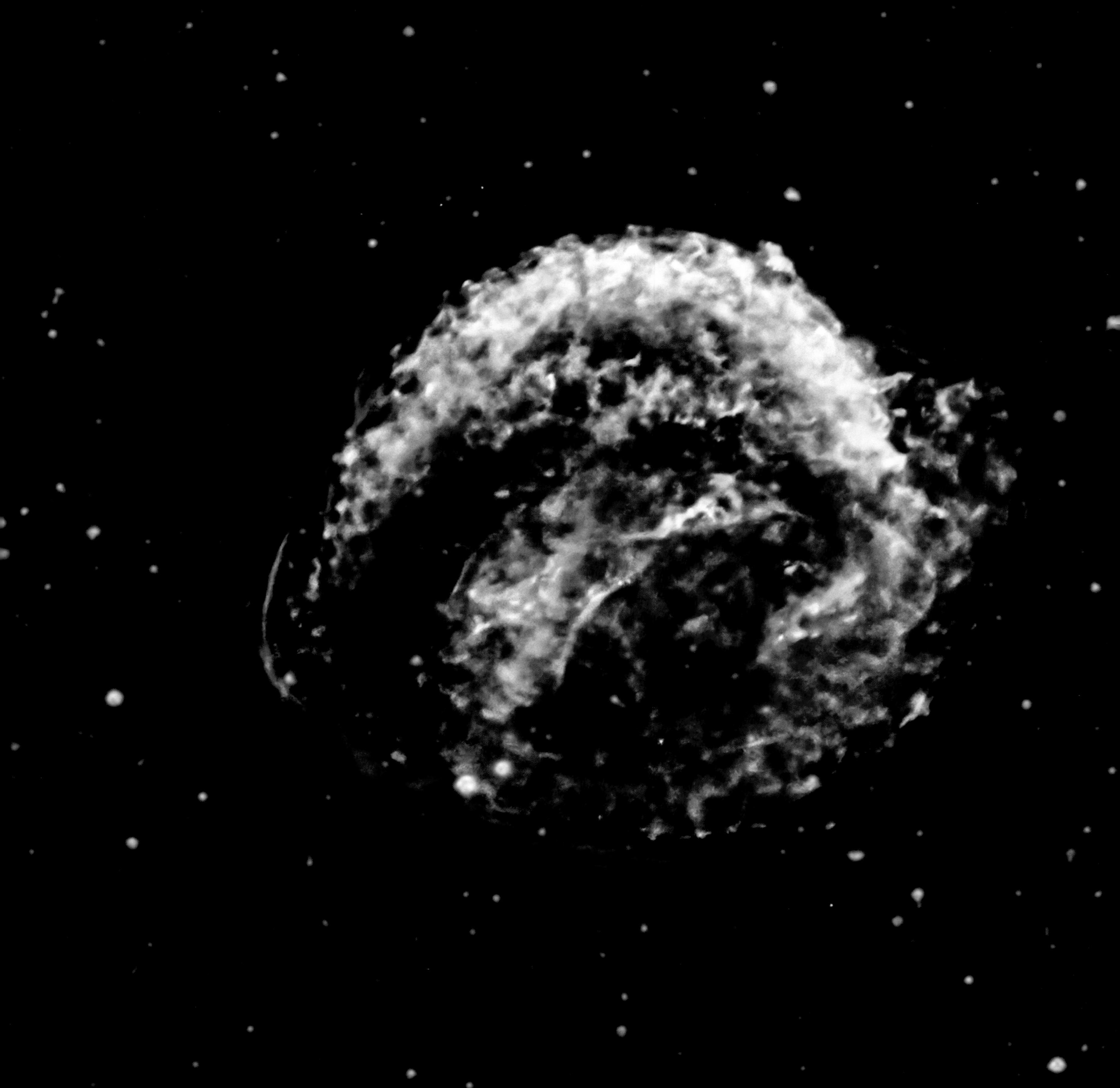

开普勒超新星遗迹

这是开普勒超新星 * 爆发的残骸，这颗超新星是大名鼎鼎的约翰尼斯・开普勒（Johannes Kepler）于 1604 年发现的。超新星有不同的类型，形成开普勒超新星遗迹的是一颗白矮星的热核爆炸。这些超新星是重要的宇宙距离标记，用于追踪宇宙的加速膨胀。这幅图像显示了钱德拉的数据与恒星光场的对比。

尺度和距离 图像覆盖约 30 光年的天区
距离地球约 2 万光年

波长 / 颜色 X 射线波段：红色，橙色，绿色，蓝色，洋红色
光学波段：白色

* 这颗编号为 SN 1604 的超新星是 17 世纪初期在蛇夫座产生的一颗新的亮星。世界多国均有观测记录。据《明史・天文志》记载："(万历）三十二年九月乙丑，尾分有星如弹丸，色赤黄，见西南方，至十月而隐。十二月辛酉，转出东南方，仍尾分。明年二月渐暗，八月丁卯始灭。"

超新星遗迹 W49B

W49B 超新星遗迹可能包含了最近在银河系形成的黑洞。大多数摧毁大质量恒星的超新星爆发都是对称分布的。然而，在 W49B 超新星中，其两极（左右两侧）附近的物质似乎以比赤道处更高的速度喷射出来。这幅图像结合了钱德拉的数据、红外数据和射电数据。

尺度和距离 图像覆盖约 60 光年的天区
距离地球约 2.6 万光年

波长 / 颜色 X 射线波段：绿色，蓝色
红外波段：黄色
射电波段：洋红色

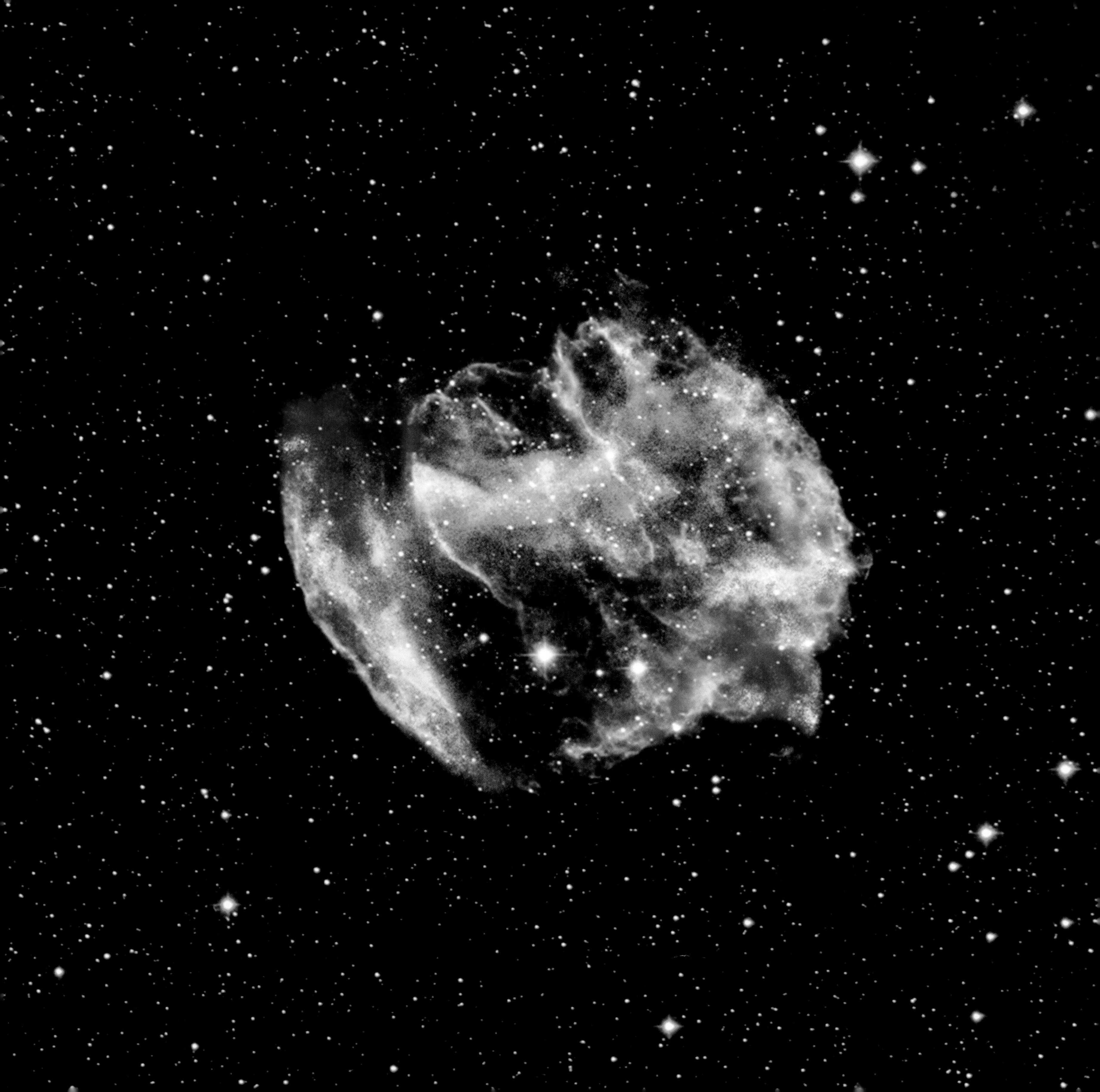

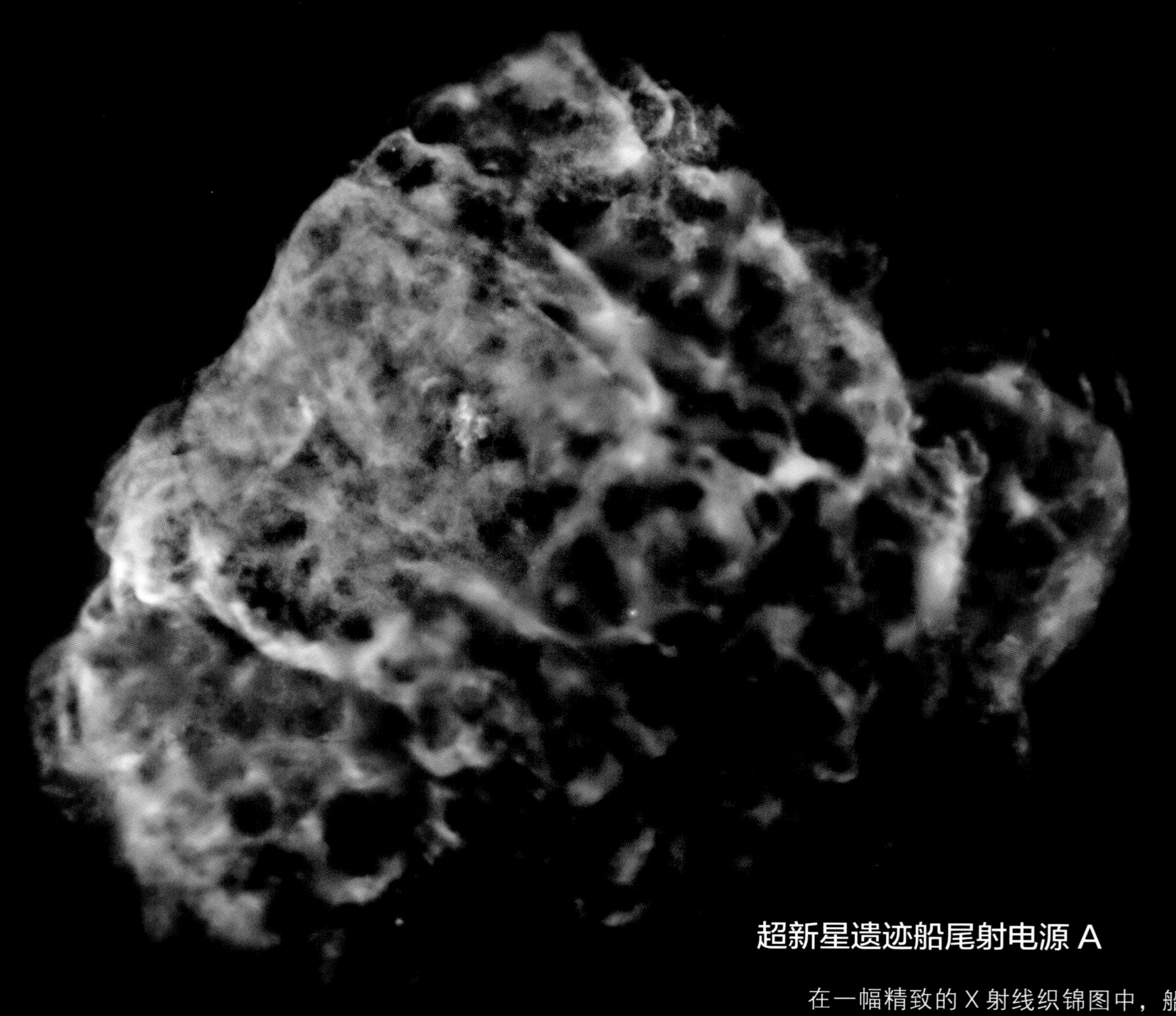

超新星遗迹船尾射电源 A

在一幅精致的 X 射线织锦图中，船尾射电源 A 展示了一次强大的超新星爆发后的毁灭性结果。当它撞击周围充满了星际空间的尘埃云和气体云时，产生的冲击波点亮了太空。这幅图像显示了大约 3 700 年前在地球上可以目睹到的一颗超新星的残骸。

尺度和距离　图像覆盖约 180 光年的天区
距离地球约 7 000 光年

波长 / 颜色　X 射线波段：红色，绿色，蓝色

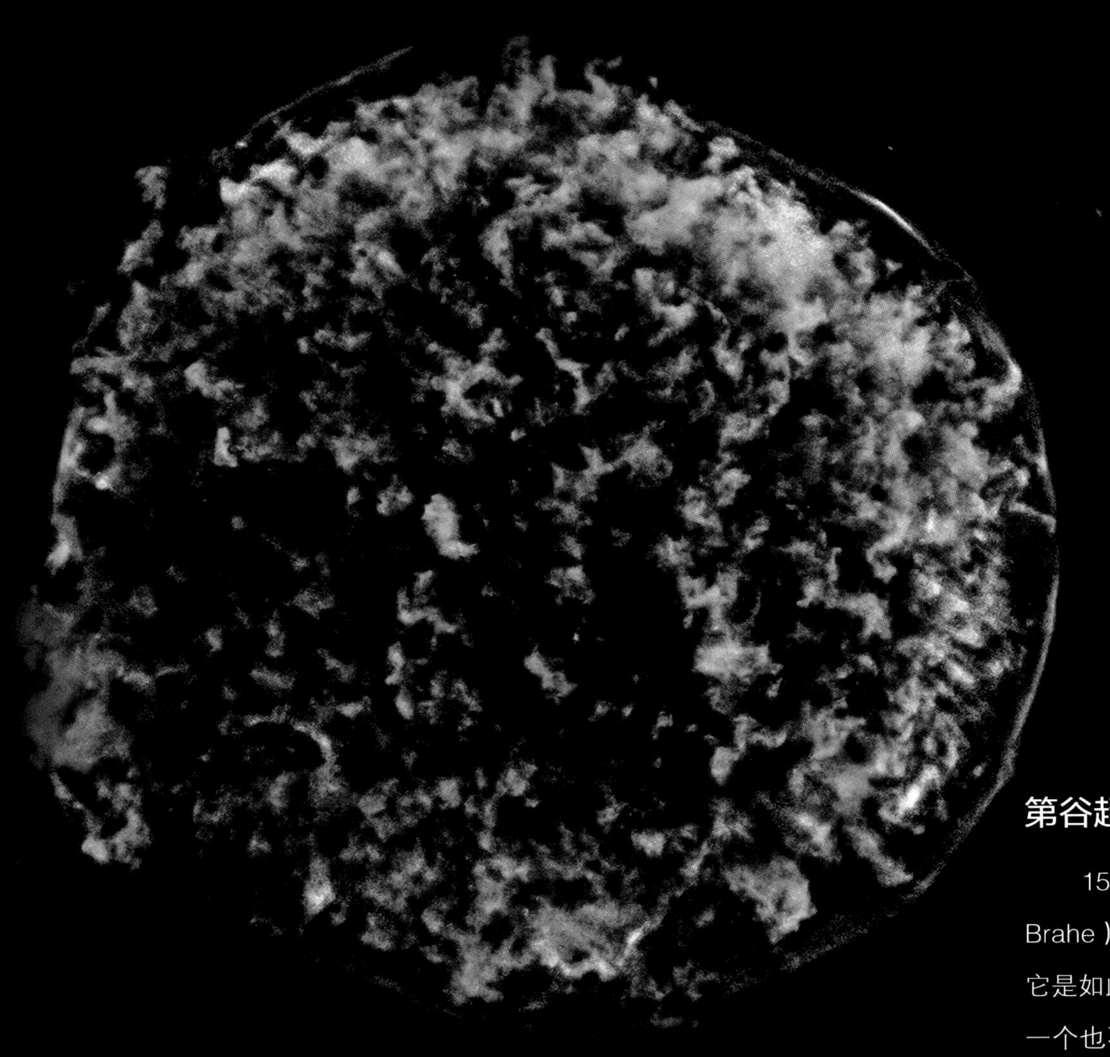

第谷超新星遗迹

1572 年，丹麦天文学家第谷・布拉赫（Tycho Brahe）观测到了这个由恒星爆炸产生的超新星遗迹，它是如此明亮以至于今天仍然可见。尽管第谷不是第一个也不是唯一一个观察到这颗恒星爆炸奇观的人，但他写了一本关于他对超新星爆发的深入观察的书，由此获得了殊荣：这个超新星遗迹以他的名字命名。今天，天文学家利用钱德拉 X 射线天文台可以在 X 射线下研究这个恒星残骸的复杂结构。

尺度和距离　图像覆盖约 36 光年的天区
　　　　　　距离地球约 1.3 万光年
波长 / 颜色　X 射线波段：红色，绿色，蓝色

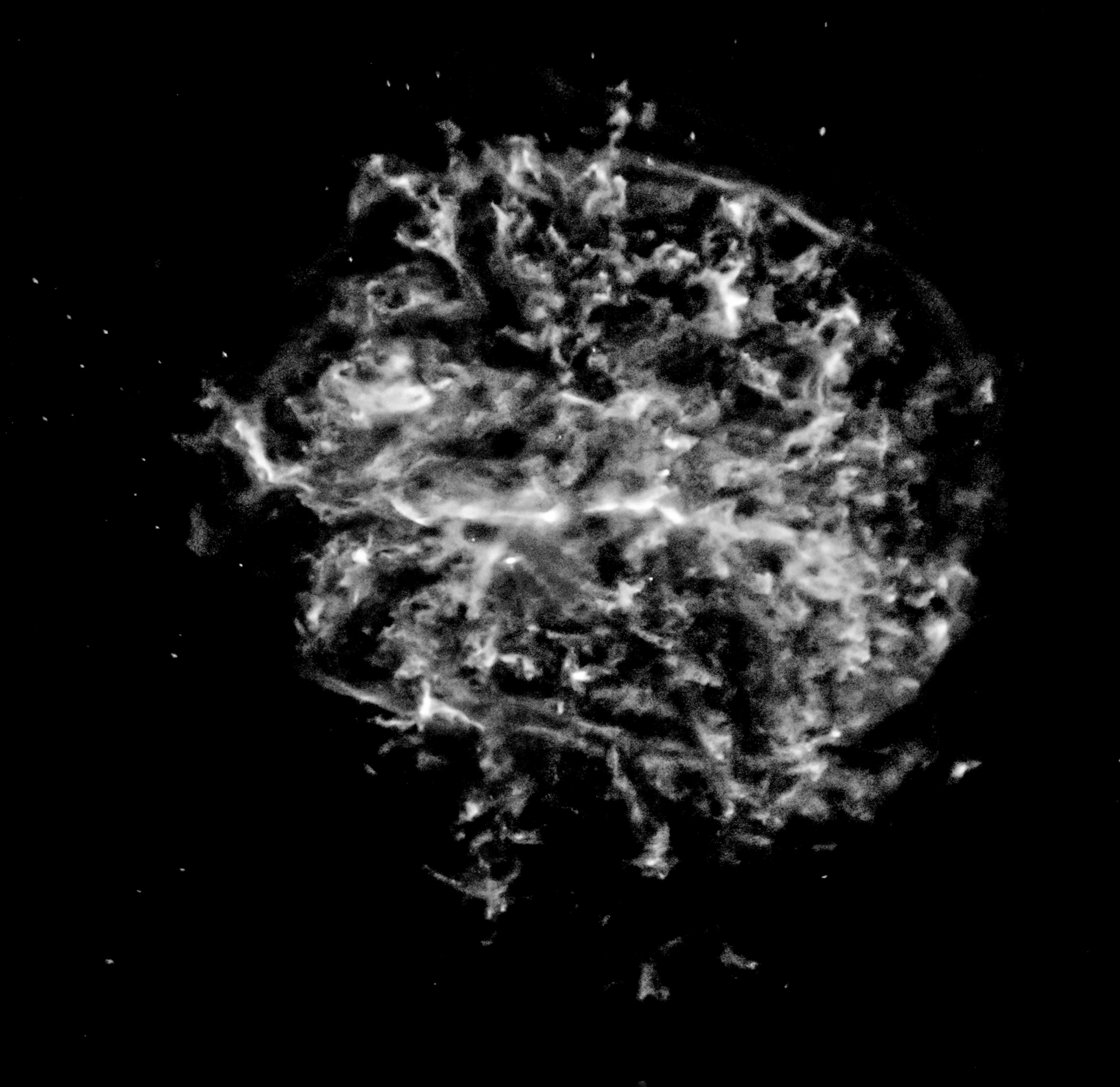

超新星遗迹 G292.0+1.8

G292.0+1.8 是银河系中已知的 3 个含有大量氧气的超新星遗迹之一。富氧的超新星引起了人们极大的兴趣，因为它们是构成行星所必需的重元素的主要来源，而重元素最终能形成大多数的生命形式。钱德拉的图像显示了一个壮观的正在膨胀的超新星遗迹，其中含有氧、镁、硅和硫等元素，这些元素都是在恒星爆炸前通过核聚变形成的。

尺度和距离 图像覆盖约 66 光年的天区
距离地球约 2 万光年

波长 / 颜色 X 射线波段：红色，橙色，绿色，蓝色

蟹状星云

蟹状星云 * 产生于在 1054 年观测到的一次明亮的超新星爆发。在蟹状星云中心，脉冲星的快速旋转和强磁场结合形成强烈的电磁场，在脉冲星南北两极产生喷流，在赤道方向吹出强烈的粒子风。这幅图像显示了钱德拉 X 射线以及光学和红外探测结果。

尺度和距离 图像覆盖约 10 光年的天区
距离地球约 6 500 光年

波长 / 颜色 X 射线波段：蓝色
光学波段：紫色
红外波段：粉色

* 该星云（SN 1054，我国称为“天关客星”）由约翰 · 贝维斯于 1731 年发现，而在 1054 年，中国、印度、阿拉伯和日本的天文学家都记录了当时的超新星爆发现象。据《宋史·天文志》记载：“至和元年五月己丑，出天关东南可数寸，岁余稍没。”1848 年，罗斯伯爵在比尔城堡观测到了此星云，他绘制的图像形状与螃蟹类似，因此该星云被称为蟹状星云。

脉冲星 3C58

3C58* 是公元 1181 年中国和日本天文学家观测到的超新星遗迹。这幅图像显示，3C58 的中心是一颗快速旋转的中子星（称为脉冲星），它被一个厚厚的 X 射线辐射环所包围。这颗脉冲星产生的 X 射线喷流延伸了数万亿千米。

尺度和距离 图像覆盖约 35 光年的天区
距离地球约 1 万光年

波长 / 颜色 X 射线波段：红色，绿色，蓝色

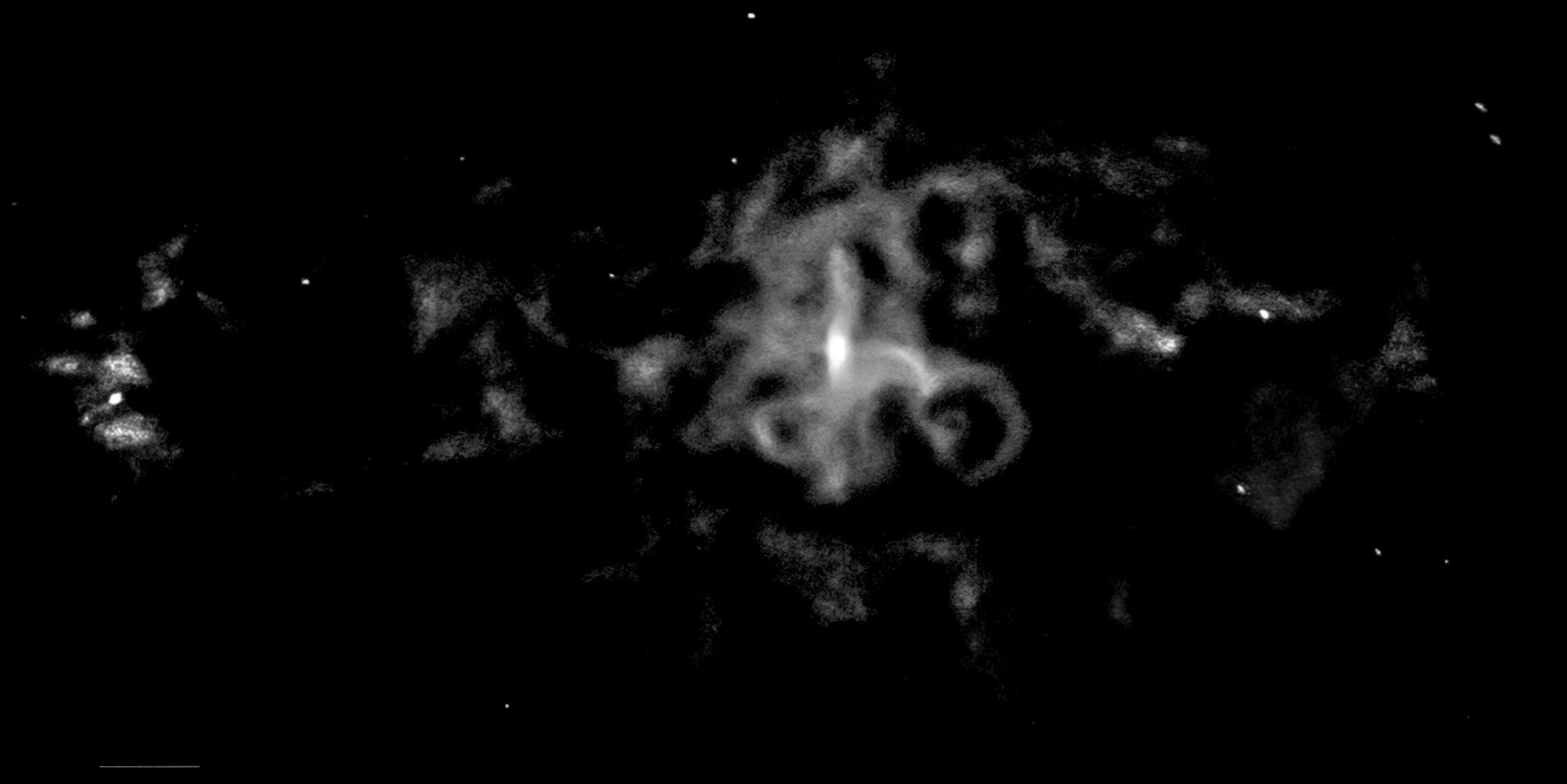

---

*脉冲星 3C58 被认为可能是超新星 SN 1181 爆发的残骸，这次爆发被南宋和金代天文学家观测并记录下来。据《宋史·天文志》记载："淳熙八年六月己巳，出奎宿，犯传舍星，至明年正月癸酉，凡一百八十五日始灭。"

超新星 SN 1987A

超新星 SN 1987A 于 1987 年首次被发现，是 20 世纪观测到的最亮的、距离地球最近的超新星。通过结合钱德拉的 X 射线数据和光学数据，天文学家可以观察到超新星爆发产生的热气体膨胀外壳的形成和演化过程，还可以观察到爆发产生的冲击波把曾经围绕在恒星周围的气体加热的现象。

尺度和距离 图像覆盖约 14 光年的天区
距离地球约 16 万光年

波长 / 颜色 X 射线波段：蓝色
光学波段：红色，绿色，蓝色

圆规座 X–1

圆规座 X–1（Circinus X–1）包含一颗中子星，这颗中子星在轨道上与一颗大质量恒星一起运行。中子星是恒星爆炸后留下的坍缩的核心。在 X 射线波段下，4 个部分的环围绕着圆规座 X–1，这些不寻常的形状在钱德拉的视野中来回摆动。事实上，这些环是回光，类似于我们在地球上听到的回声。当来自恒星系统的 X 射线暴从圆规座 X–1 和地球之间的星际尘埃云上反射时，就会产生圆规座 X–1 周围的回光。

尺度和距离 图像覆盖约 300 光年的天区
距离地球约 3.07 万光年

波长 / 颜色 X 射线波段：红色，绿色，蓝色
光学波段：白色，金色

超新星遗迹 G299.2−2.9

G299.2−2.9* 是大约 4 500 年前可在地球上观测到的一颗恒星爆炸时产生的超新星遗迹。这个发出明亮 X 射线的天体属于一类特殊的超新星，是一颗白矮星与一颗伴星在紧密轨道上发生热核爆炸形成的，伴随着元素的核聚变和大量能量的释放。在这幅图像中，X 射线数据与红外数据相结合，显示了大量恒星（白色点所示）。

尺度和距离 图像覆盖约 114 光年的天区
距离地球约 1.6 万光年

波长 / 颜色 X 射线波段：红色，绿色，蓝色
红外波段：白色

* G299.2−2.9 属于 Ia 型超新星，来自白矮星质量超过一定极限时所引起的热核爆炸。

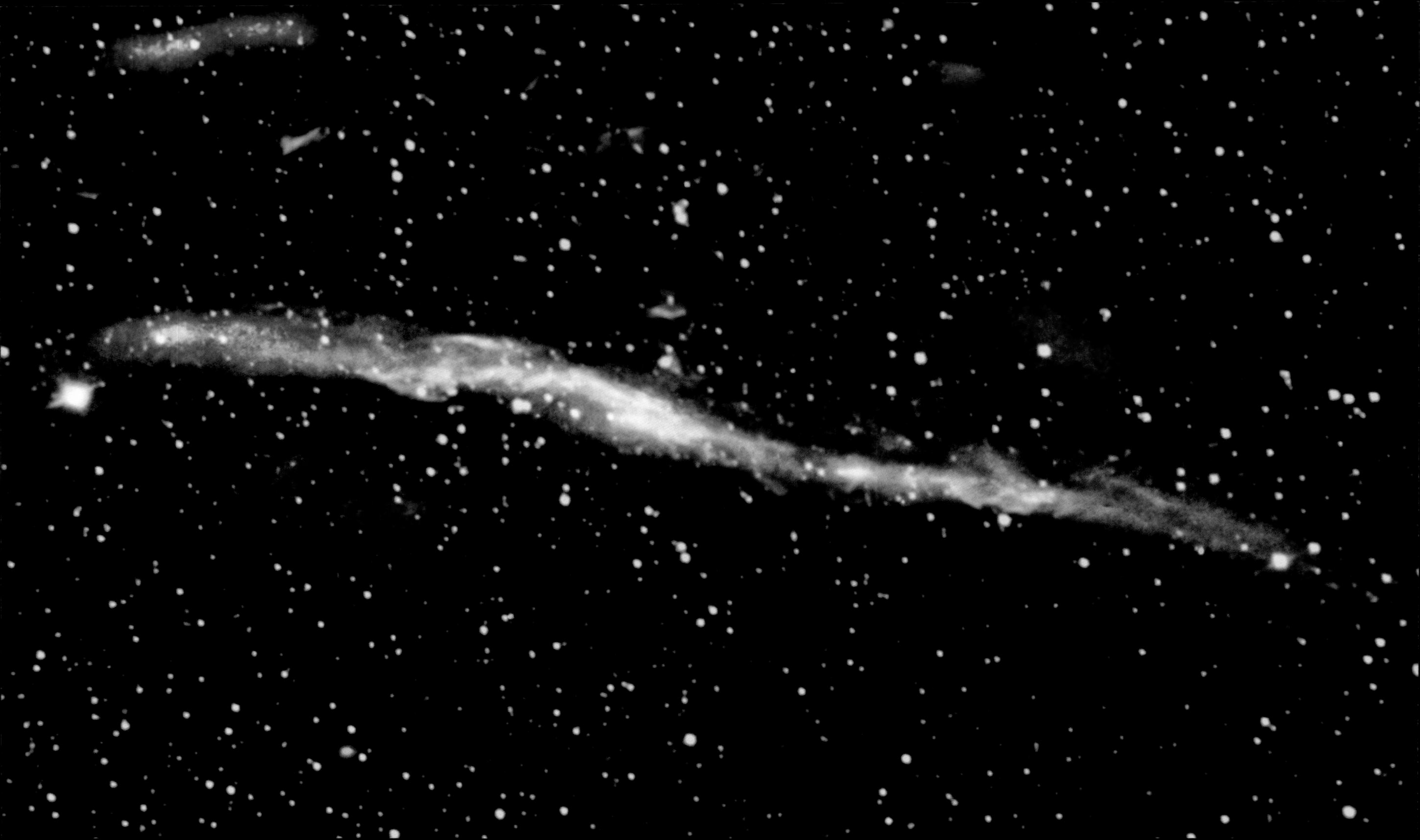

超新星遗迹 RCW 86

在数次阿波罗飞行任务中，宇航员都报告说他们看到了奇怪的闪光，即使闭着眼睛也能感觉到。科学家认为这是宇宙射线造成的，也就是来自太阳系外的极高能粒子造成的。通过研究超新星遗迹 RCW 86（第 68 页也有显示），天文学家确定，一些宇宙射线是在恒星爆炸后的残骸中产生的。这幅图像只显示了 RCW 86 的北部边缘。事实上，整个残骸要大得多，而且全图显示时呈圆形。

尺度和距离 图像覆盖约 46.5 光年的天区
距离地球约 8 200 光年

波长 / 颜色 X 射线波段：蓝色，粉色
光学波段：黄色

宝瓶座 R

宝瓶座 R（R Aquarii）是一颗白矮星，围绕着一颗脉动的红巨星运行。白矮星偶尔会从红巨星上吸积足够多的物质到其表面，从而产生热核爆炸。自钱德拉发射后不久，天文学家们就一直在使用这台望远镜监测宝瓶座 R，以便更好地了解这对不稳定恒星的形成和演化。

尺度和距离	图像覆盖约 0.86 光年的天区 距离地球约 710 光年
波长 / 颜色	X 射线波段：蓝绿色 光学波段：红色

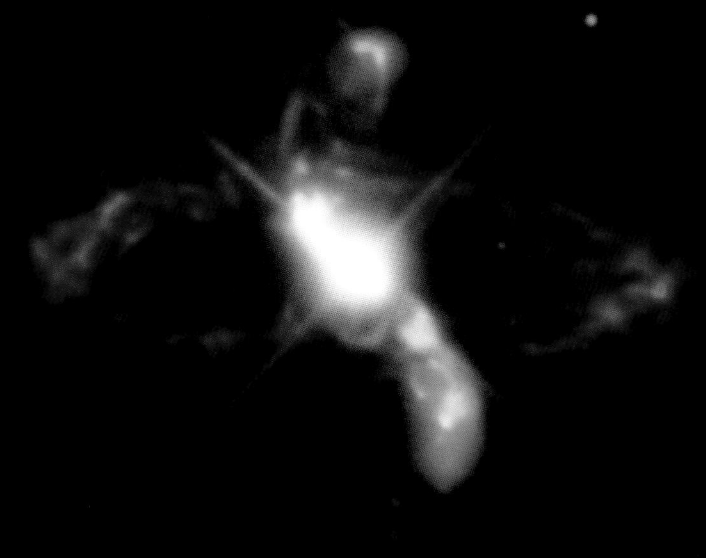

蟹状星云

这幅图像再次展示了蟹状星云，但只有钱德拉探测到的 X 射线数据。蟹状星云的中心是超新星爆发后留下的一个密度极高、快速旋转的中子星。这颗中子星的密度相当于把太阳塞进一个直径约为 19.3 千米的球中。

尺度和距离 图像覆盖约 8.7 光年的天区
距离地球约 6 500 光年
波长 / 颜色 X 射线波段：红色，绿色，蓝色

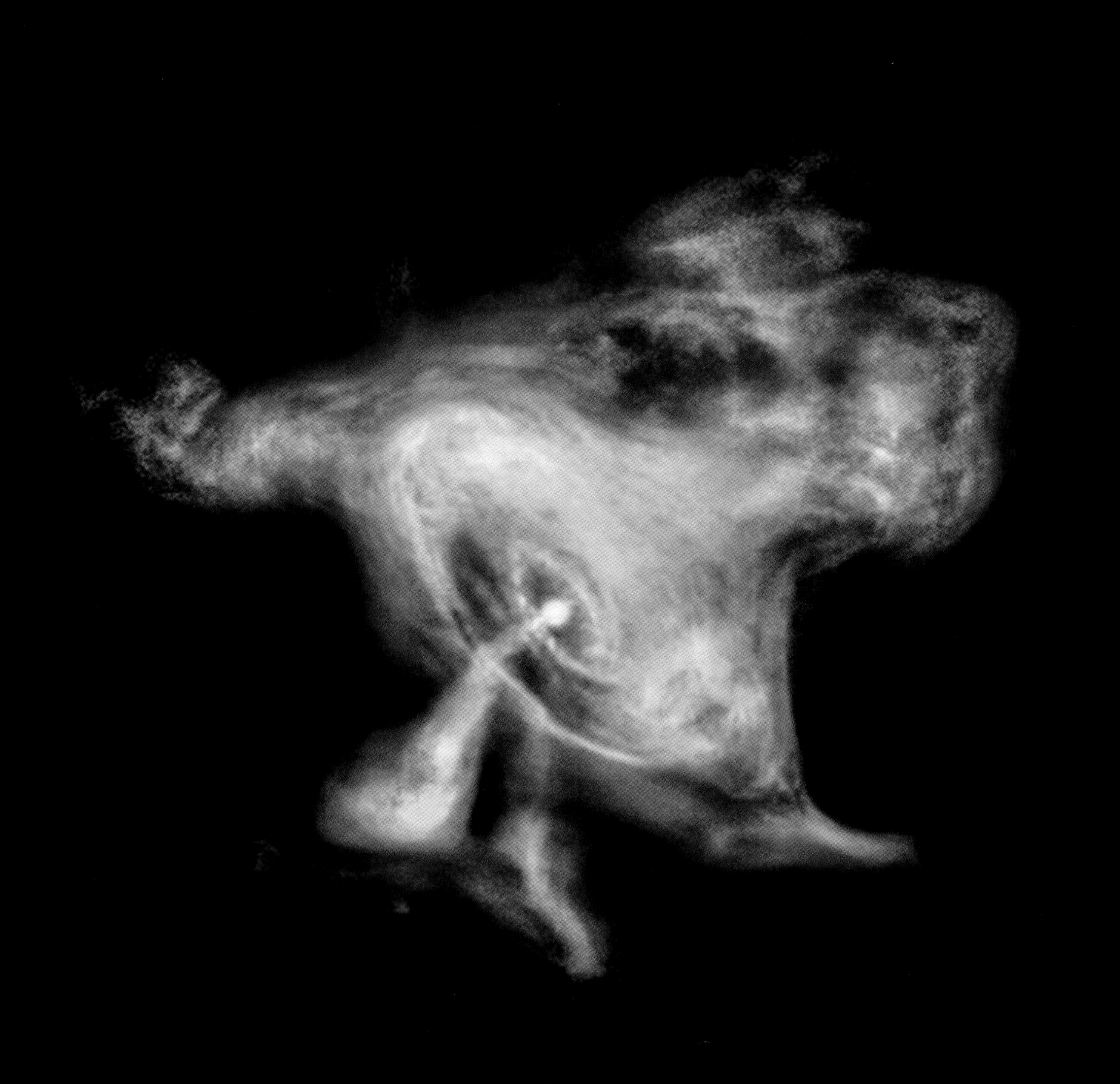

银河系中心，详见第 120 页

第三章

星系王国

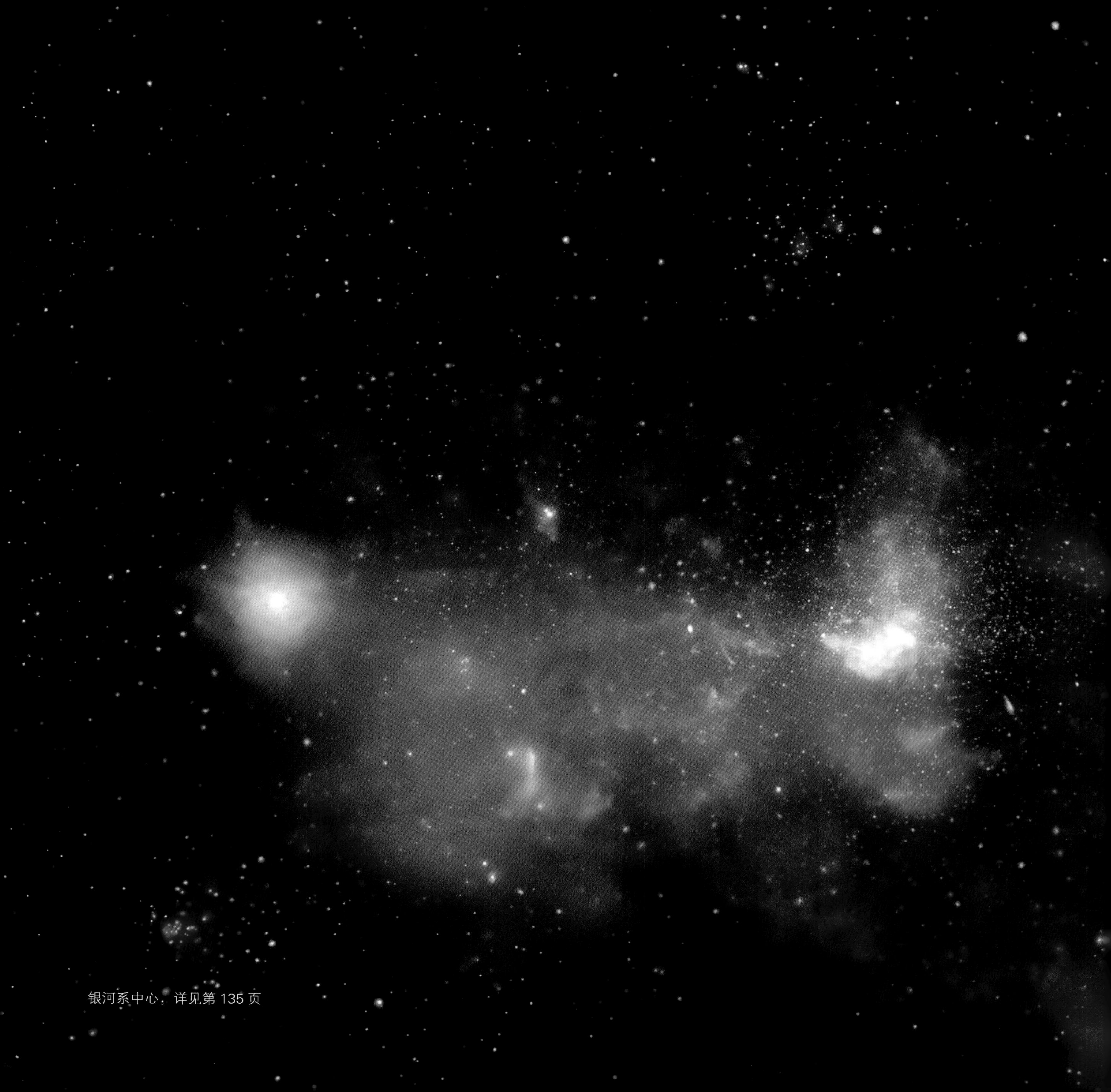

银河系中心，详见第 135 页

星系

星系是由恒星、气体、尘埃和暗物质在引力作用下聚集在一起的系统。宇宙中有数十亿个星系，它们的形状和大小各不相同：有小的不规则的矮星系，宏伟的旋涡星系，还有椭圆星系。椭圆星系的大小从矮星系到超巨星系不等，超巨星系大约比我们的银河系大 10 倍。

在这些星系中有黑洞、中子星和热气体泡，它们在 X 射线中显露出“庐山真面目”。天文学家利用钱德拉 X 射线天文台来研究星系的行为以及星系的内部情况。

钱德拉拍摄的 X 射线图像对我们了解太空中的这些岛屿王国至关重要。例如，钱德拉对椭圆星系的观察显示：椭圆星系内充满了数百万摄氏度的炽热气体，据推测是被超新星爆发加热形成的；旋涡星系中的大多数气体则是以冷的尘埃云的形式存在的。在椭圆星系和旋涡星系中，X 射线探测数据给我们提供了恒星演化末期的图像。在这些恒星演化末期，超新星将气体加热到数百万摄氏度，引力将天体拉得更紧，从而形成中子星和黑洞。

关于引力，最极端的例子体现在大多数星系中心深处，那里潜伏着超大质量黑洞。这些庞然大物的质量相当于几百万到几十亿个太阳不等。在许多星系中，超大质量黑洞通过两点确定自己的存在：一是对恒星运动施加的引力效应，二是气体向黑洞坠落时被加热从而产生的 X 射线。大量的尘埃和气体围绕在超大质量黑洞周围，当这些气体被吸入黑洞时会被加速和加热，从而可以在 X 射线波段和其他波段产生巨大的能量，并改变整个星系的外观。这样的星系被称为活动星系或类星体。

钱德拉研究过的最重要的星系之一是我们的银河系。钱德拉为我们观测银河系中心提供了无与伦比的视野，那里距离我们约 2.6 万光年，有一个名为人马座 A*（Sagittarius A*）的超大质量黑洞（见第 111 页）。钱德拉让我们看到了银河系完全不同的面孔，也让我们见识到了各种不同结构的星系。

旋涡星系 ESO 137-001

旋涡星系 ESO 137-001 位于矩尺座星系团（Norma cluster）的其他星系之间，正在向这幅钱德拉和哈勃合成图像的左上方快速移动。这个区域的星系间气体很稀少，但在 1 亿摄氏度时，它会发出钱德拉能探测到的 X 射线。这个星系正以近 724 万千米每小时的速度移动，速度是如此之快以至于它自身的大部分气体都被甩掉了。

尺度和距离 图像覆盖约 10 万光年的天区
距离地球约 2.2 亿光年

波长 / 颜色 X 射线波段：蓝色
光学波段：蓝绿色，橙色，白色

人马座 A*

人马座 A* 是银河系中心的超大质量黑洞。钱德拉在其任务过程中对人马座 A* 进行了周期性的监测，并多次捕捉到它的耀斑。耀斑强度快速上升和下降（即耀斑闪烁得很快），表明它们正在黑洞的事件视界 *（event horizon）附近发生。钱德拉还发现了超过 2000 个其他的 X 射线源，如图所示，以及温度高达 2000 万摄氏度的巨大气体团。这些巨大气体团表明，在过去 1 万年中，黑洞附近曾发生过几次巨大的恒星爆炸事件。

尺度和距离 图像覆盖约 91 光年的天区
距离地球约 2.6 万光年
波长 / 颜色 X 射线波段：红色，绿色，蓝色

* 事件视界是一种时空的曲隔界线。在非常巨大的引力下，黑洞附近的逃逸速度大于光速，使得任何光线皆不可能从事件视界内部逃脱。视界中任何的事件皆无法对视界外的观察者产生影响，在黑洞周围的便是事件视界。

雪茄星系

雪茄星系（M82）是星暴 * 星系里一个美丽的例子。光学数据显示了一个中等大小星系的圆盘，以及从中喷出的物质。红外数据显示喷出的还有冷的气体和尘埃。钱德拉的 X 射线图像显示了一种过热气体，这种气体是星系中心区域恒星形成过程中猛烈喷出的。天文学家认为这种喷发大约形成于 1 亿年前，由与附近一个大星系的一次近距离接触所引发。

尺度和距离 图像覆盖约 4.45 万光年的天区
距离地球约 1 200 万光年

波长 / 颜色 X 射线波段：蓝色
光学波段：绿色，橙色
红外波段：红色

---

* 星暴（starburst）通常用来描述恒星形成异常活跃的空间区域。

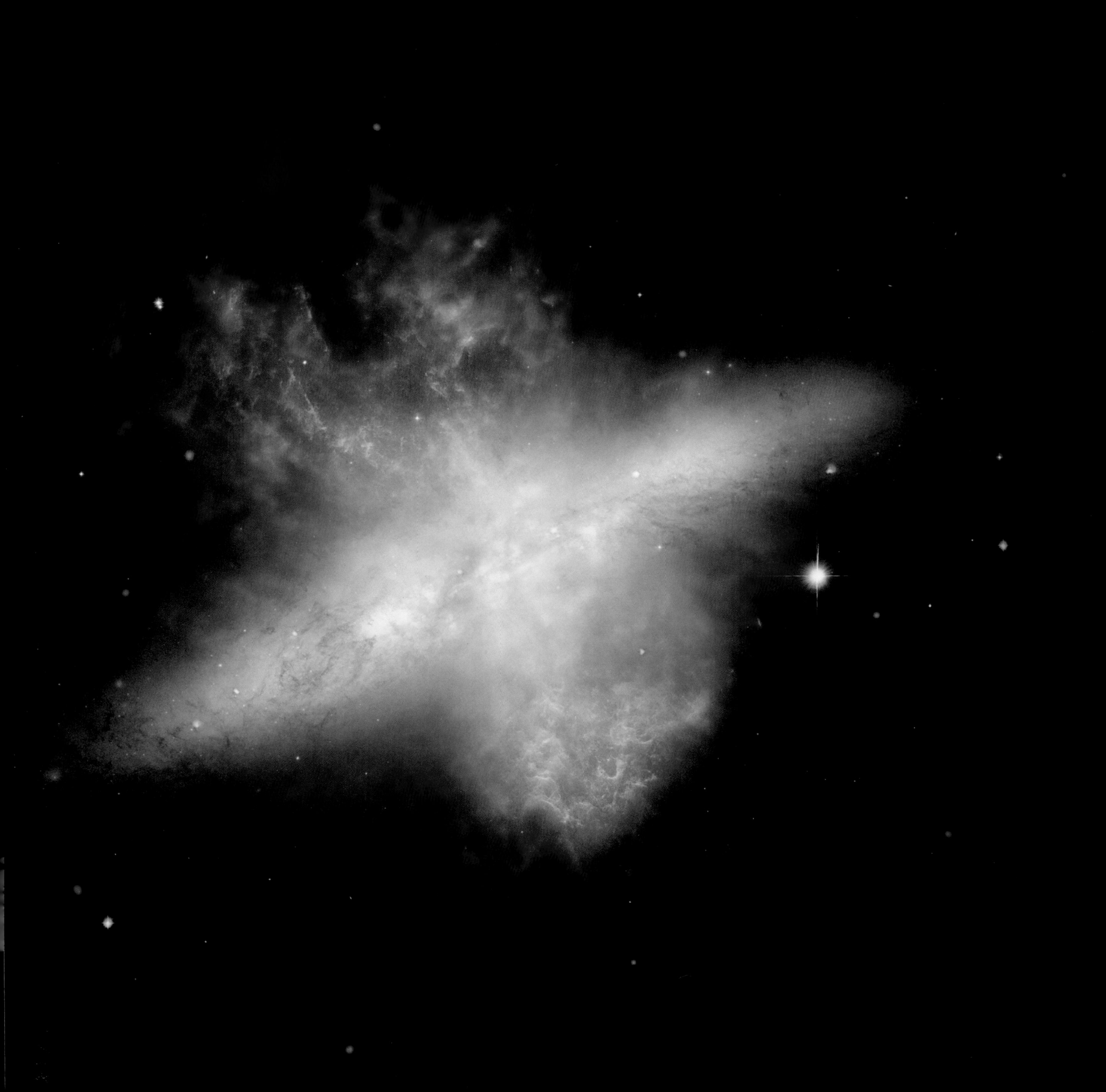

鲸鱼星系

鲸鱼星系*（NGC 4631）展示了一个巨大的晕（halo），这个晕环绕在旋涡星系周围，由热气体组成。图像中间的结构和延伸的微弱细丝来自哈勃的探测数据，这些数据描述了爆发的巨大气泡，气泡由大质量恒星群合并产生。钱德拉的数据提供了第一个明确的证据，证明在一个与我们的银河系非常相似的星系周围，有一圈热气体组成的晕。这样的观测为我们提供了一个重要的工具，可以让我们更好地了解银河系周围的环境。

尺度和距离 图像覆盖约 1.8 万光年的天区
距离地球约 2500 万光年

波长 / 颜色 X 射线波段：蓝色，紫色
紫外波段：红色，橙色

---

*鲸鱼星系位于猎犬座，以侧面朝着我们的旋涡星系。这个星系扭曲成的楔形使它的外观看起来像鲸鱼，因此有了这个昵称。

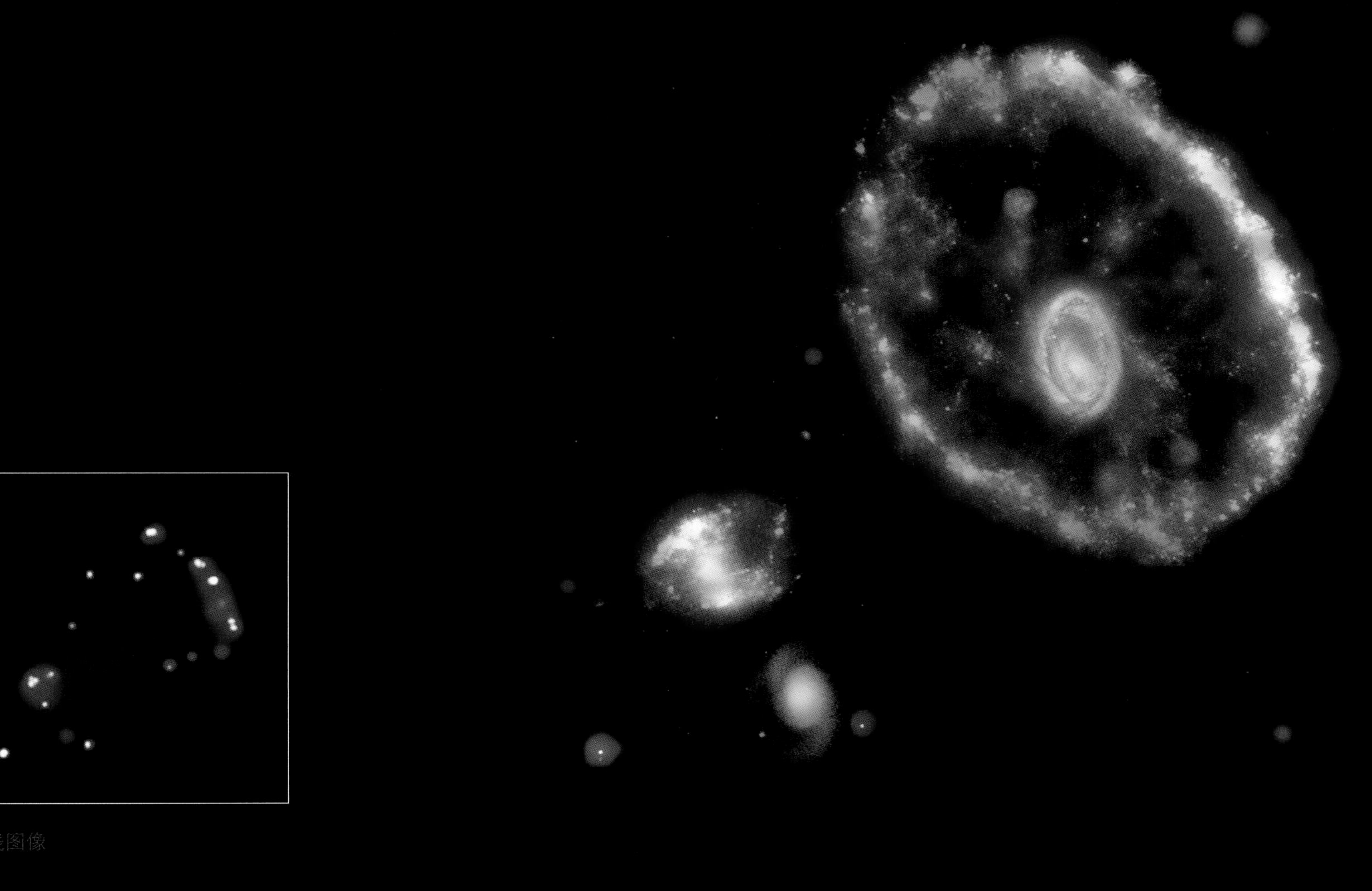

线图像

车轮星系

车轮星系（Cartwheel galaxy）是一个星系群中的 5 个星系之一。车轮星系不同寻常的外形很可能是它几亿年前与一个较小星系（左上方）碰撞的结果。这次碰撞产生了星系内的气体压缩波，触发了恒星的爆发式形成。科学家们认为车轮边缘明亮的 X 射线是物质被吸积到附近的黑洞时产生的。这幅图像结合了钱德拉的数据、紫外数据、光学数据和红外数据。

尺度和距离 图像覆盖约 31 万光年的天区
距离地球约 4 亿光年

波长 / 颜色 X 射线波段：紫色
紫外波段：蓝色
光学波段：绿色
红外波段：红色

死星星系

3C 321 绰号“死星星系”(Death Star galaxy),原因是其中心黑洞正在以接近光速的速度发出喷流,这束喷流射向另一个星系。钱德拉发现了潜伏在星系中心的超大质量黑洞。这种喷流会产生大量的辐射,尤其是高能 X 射线辐射和伽马射线辐射,大量的这些射线辐射会致命。图中显示了来自喷流的射电波,以及这个星系的光学和紫外图像。

尺度和距离 图像覆盖约 18 万光年的天区
距离地球约 14 亿光年

波长 / 颜色 X 射线波段:紫色
射电波段:蓝色
光学波段:黄色
紫外波段:红色

草帽星系

这幅图像显示的是草帽星系（Sombrero galaxy），也被称为梅西耶 104（Messier 104），整合了来自钱德拉、哈勃和斯皮策的数据。主图结合了 3 台望远镜拍摄的图像，而插图是每台望远镜单独拍摄的图像。钱德拉的 X 射线图像显示了草帽星系中的热气体和点源，它们是草帽星系内的天体和背景中的类星体的混合。

尺度和距离　图像覆盖约 7 万光年的天区
距离地球约 2800 万光年

波长 / 颜色　X 射线波段：蓝色
光学波段：绿色
红外波段：红色

银河系中心

我们银河系的中心是一个熙熙攘攘、热闹非凡的地带，在它的中心有一个超大质量黑洞。这幅图结合了钱德拉、哈勃和斯皮策的数据，展示了这个美丽而复杂的天区正在发生的景象。来自钱德拉的 X 射线数据显示，恒星爆炸和超大质量黑洞人马座 A* 向外的喷流将气体加热到数百万摄氏度。

尺度和距离 图像覆盖约 240 光年的天区

距离地球约 2.6 万光年

波长 / 颜色 X 射线波段：蓝色，紫色

光学波段：黄色

红外波段：红色

上图

合并星系 NGC 6240

NGC 6240 是一个合并星系，如这幅图像里的钱德拉和哈勃的数据所示，两个超大质量黑洞相距仅 3 000 光年。这两个黑洞被标识为星系中心的两个明亮天体，在过去的 3 000 万年里，它们一直呈螺旋状彼此靠近。从现在起几千万年甚至几亿年后，这两个黑洞可能会相互靠近并合并成一个更大的黑洞。

尺度和距离 图像覆盖约 30 万光年的天区
距离地球约 3.3 亿光年

波长 / 颜色 X 射线波段：红色，绿色，蓝色
光学波段：白色

右页图

斯蒂芬五重星系

斯蒂芬五重星系（Stephan's Quintet）由 5 个星系组成，是旋涡星系合并成椭圆星系的一个绝佳例子。其中一个星系被认为正以 322 万千米每小时的速度穿过其他星系，这就产生了一种冲击波（蓝绿色），冲击波加热气体，产生钱德拉探测到的 X 射线辐射脊。图中所示的光学数据来自哈勃空间望远镜。

尺度和距离 图像覆盖约 51 万光年的天区
距离地球约 2.8 亿光年

波长 / 颜色 X 射线波段：蓝绿色
光学波段：红色，黄色，蓝色，白色

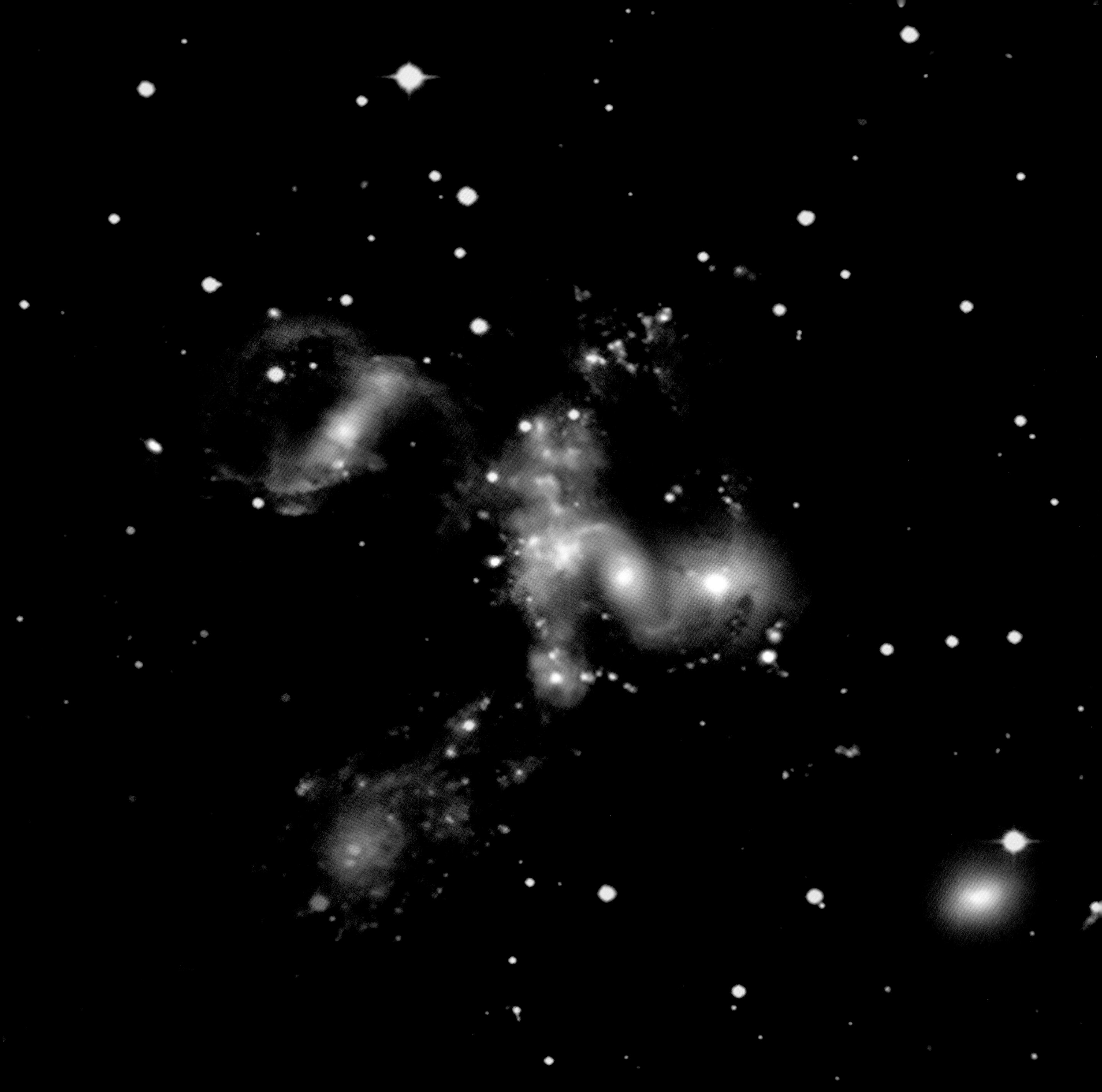

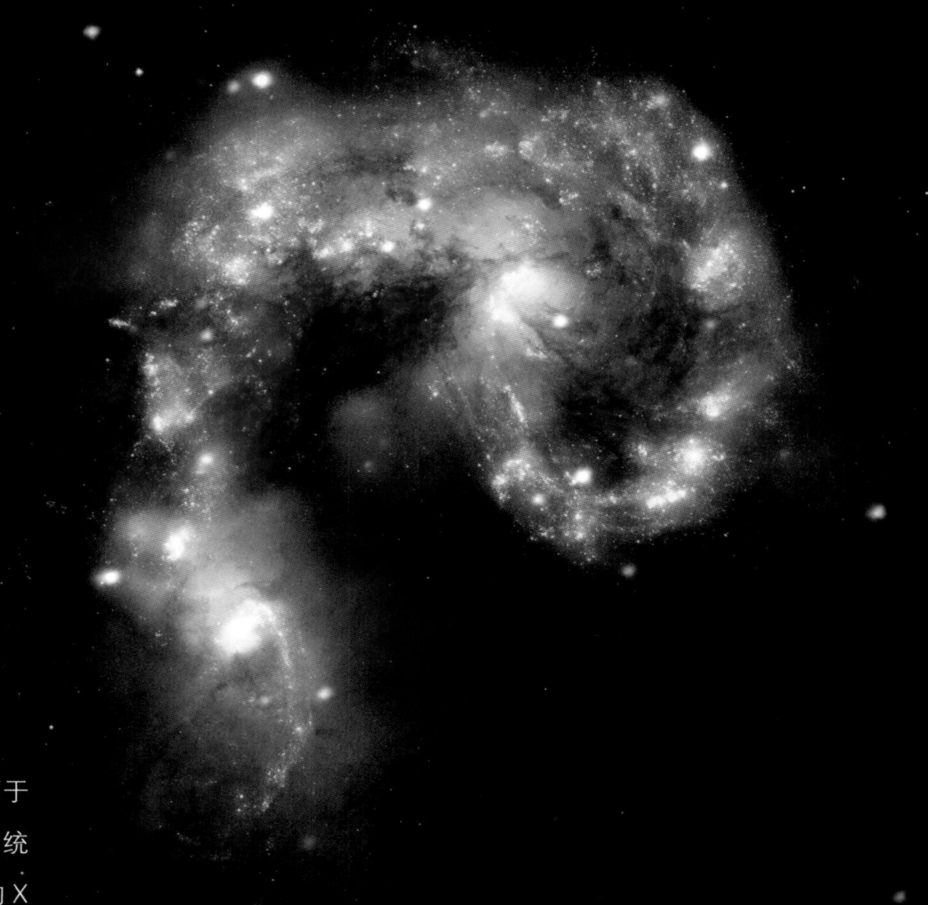

触须星系

触须星系（Antennae galaxies）的名字来源于在这个系统的大视场图像中看到的长臂。这个系统是一对相互碰撞的星系。钱德拉拍摄了触须星系的X射线图像，图像展示了巨大的热星际气体云，这些气体云被注入了超新星爆发形成的丰富的元素沉积物。这种富含氧、铁、镁和硅等元素的气体将被吸积到新一代的恒星和行星中。X射线数据与哈勃和斯皮策的探测数据相结合，共同完成了这幅星系肖像画。

尺度和距离 图像覆盖约6.1万光年的天区
距离地球约6000万光年

波长/颜色 X射线波段：蓝色
光学波段：黄色
红外波段：红色

Arp 147 星系

Arp 147 由一对相互作用的星系组成，图右侧展示的是其中的旋涡星系与椭圆星系(图左侧)碰撞后遗留的残骸，二者的碰撞触发了恒星形成的波浪，从而出现了包含大量年轻恒星的蓝色光环。年轻的大质量恒星在几百万年或更短的时间内快速完成演化，并以超新星爆发的形式结束生命，最终留下中子星和黑洞。这幅图像由钱德拉的 X 射线数据和哈勃的光学数据合成，它证实了这些位于 Arp147 旋涡星系的环状结构中的黑洞是其主要的 X 射线源（ 粉色 ）。

尺度和距离 图像覆盖约 11.5 万光年的天区
距离地球约 4.4 亿光年

波长 / 颜色 X 射线波段：洋红色
光学波段：红色，绿色，蓝色

一对旋涡星系 NGC 2207 和 IC 2163

NGC 2207 和 IC 2163 是一对旋涡星系，目前正处于相互碰撞的过程中。星系碰撞产生了最丰富的超级明亮的 X 射线源（粉色），被称为超亮 X 射线源（ULXs, ultraluminous X-ray sources）。超亮 X 射线源真正的物理特性仍存在争议，但它们很可能是一种不同寻常的 X 射线双星系统，包含一颗在紧邻中子星或黑洞的轨道上运行的恒星。

尺度和距离 图像覆盖约 18 万光年的天区
距离地球约 1.3 亿光年

波长 / 颜色 X 射线波段：粉色
光学波段：红色，绿色，蓝色
红外波段：红色

旋涡星系 M106

M106 是一个像我们的银河系一样的旋涡星系。然而，它在某些方面与我们的银河系不同。首先，M106 有两条额外的旋臂，这两条旋臂在 X 射线、射电和光学波段中发光，它们并不位于星系平面内，而是与之相交。此外，位于 M106 中心的超大质量黑洞比银河系中心的黑洞大 10 倍左右。这个黑洞还在以更快的速度吸积更多的物质，这可能会增加它对宿主星系演化的影响。

尺度和距离 图像覆盖约 4.4 万光年的天区

距离地球约 2 300 万光年

波长 / 颜色 X 射线波段：蓝色

射电波段：紫色

光学波段：金色，蓝色

红外波段：红色

涡状星系

涡状星系（Whirlpool galaxy）是一个旋涡星系，它正与一个更小的伴星系（图左上方）合并。科学家们认为，这种持续的星系碰撞正在引发涡状星系内恒星的形成。这幅图像包含了来自哈勃的光学数据，以及钱德拉持续近 100 万秒的观测数据。钱德拉的数据揭示了数百个点状光源，其中大多数是 X 射线双星系统。这些双星系统包含一颗中子星或一个黑洞以及一颗类似太阳的在其附近绕行的恒星。

尺度和距离 图像覆盖约 5.2 万光年的天区
距离地球约 3 000 万光年

波长 / 颜色 X 射线波段：紫色
光学波段：红色，绿色，蓝色

半人马射电源 A

半人马射电源 A（Centaurus A）是距离地球较近的射电星系，它包含一个超大质量黑洞，为喷流提供能量。这幅钱德拉图像显示了向星系外延伸的高能粒子的对向喷流，还能看到许多有恒星绕其运行的小质量黑洞。天文学家认为，这些喷流是将能量从黑洞输送到比黑洞尺度大得多的星系的重要工具，它们还会影响那些星系中恒星形成的速率。

尺度和距离 图像覆盖约 5.8 万光年的天区
距离地球约 1 100 万光年

波长 / 颜色 X 射线波段：红色，绿色，蓝色

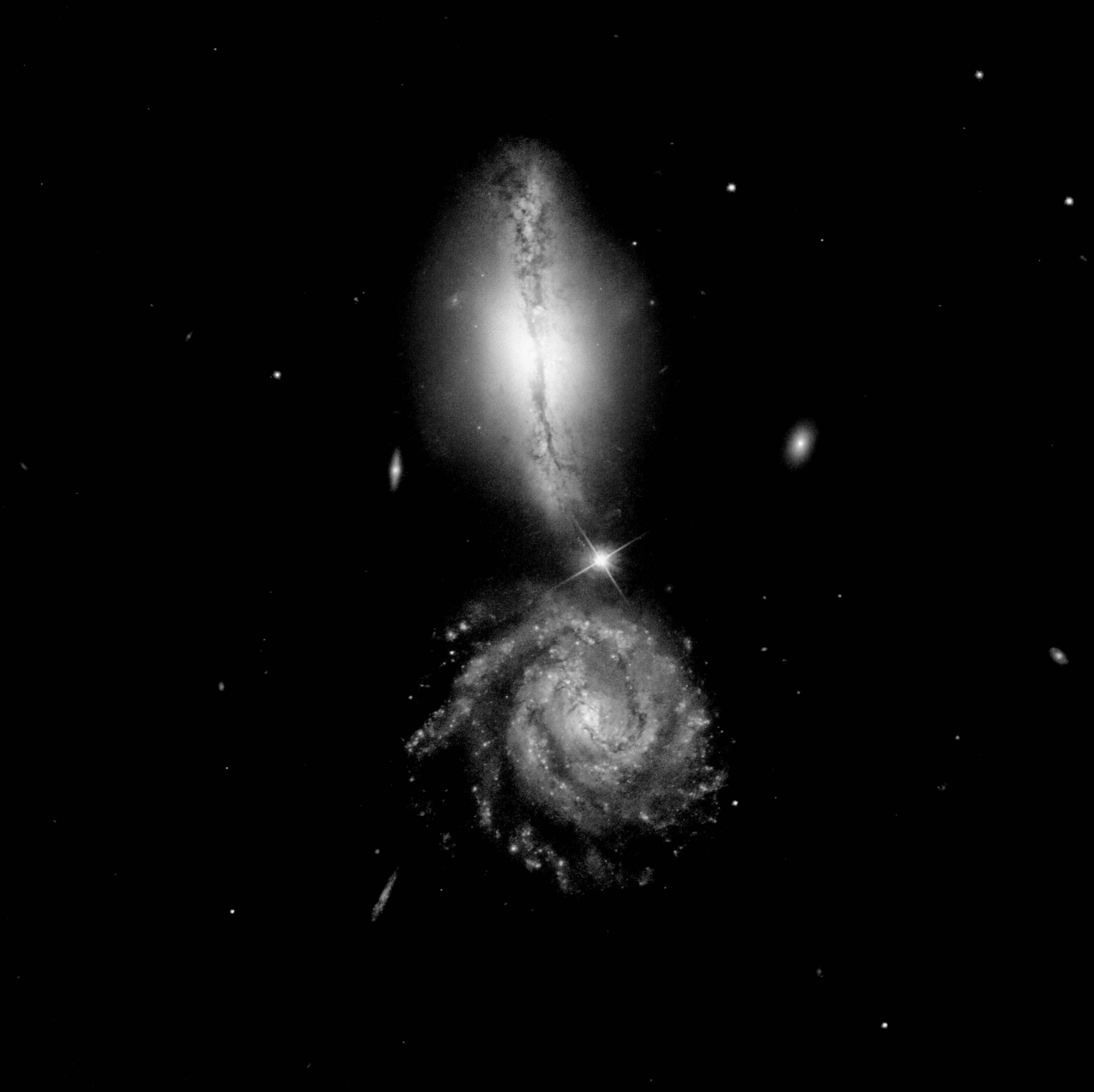

左页图

一对旋涡星系 VV 340

VV 340，也被称为 Arp 302，包含一对注定要合并的星系。这两个星系处于相互作用的早期阶段，在数百万年后它们最终将合并成一个星系。钱德拉的 X 射线数据显示，在这两个星系的北部（上部），一个被尘埃和气体掩盖的超大质量黑洞正在形成。来自其他望远镜的数据显示，这两个相互作用的星系正在以不同的速率演化。

尺度和距离 图像覆盖约 28.5 万光年的天区
距离地球约 4.5 亿光年

波长 / 颜色 X 射线波段：紫色
光学波段：红色，绿色，蓝色

上图

棒旋星系 NGC 3079

星系 NGC 3079 包含两个“超级气泡”，它们从星系中心的两侧向外延伸。天文学家认为这些超级气泡由超大质量黑洞爆发形成，或者由年轻恒星向外吹出的风形成。钱德拉的数据显示，这个星系中有一个“粒子加速器”，它可以产生比大型强子对撞机（Large Hadron Collider）所加速的粒子的能量高 100 多倍的高能粒子。

尺度和距离 图像覆盖约 6.2 万光年的天区
距离地球约 6 700 万光年

波长 / 颜色 X 射线波段：紫色
光学波段：橙色，蓝色

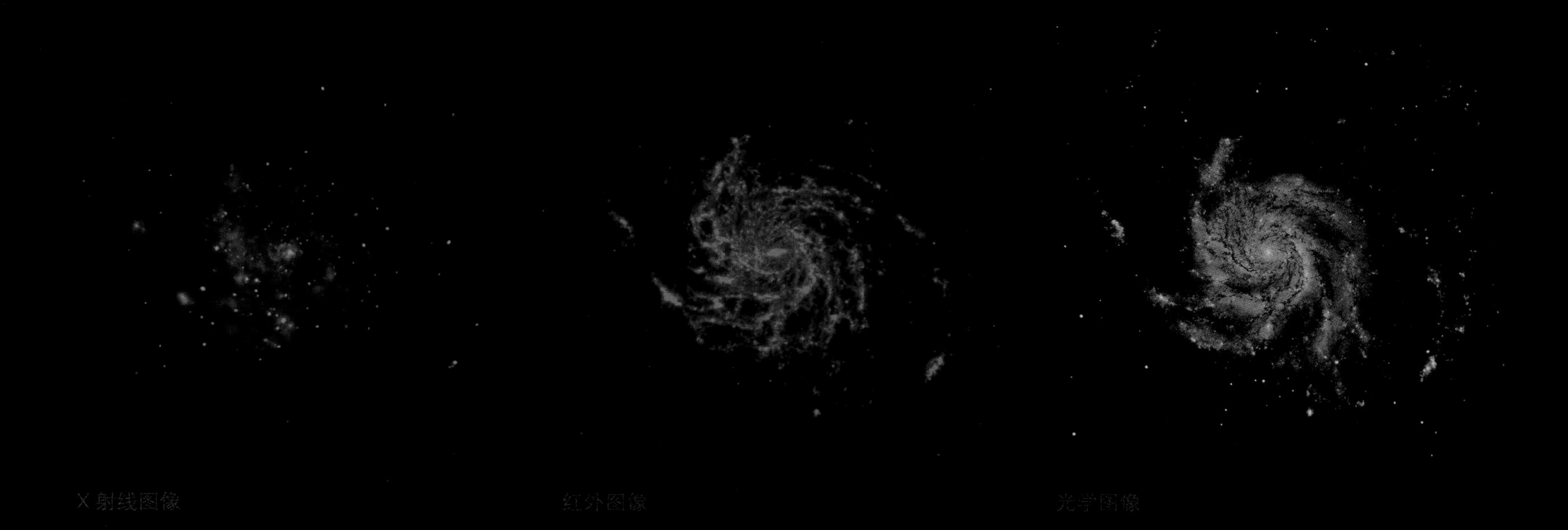

X 射线图像　　红外图像　　光学图像

风车星系

M101 也被称为风车星系（Pinwheel Galaxy），是一个正面朝向地球的旋涡星系。钱德拉探测到的 X 射线源包括百万摄氏度的高温气体、恒星爆炸后的碎片，以及在黑洞和中子星周围快速移动的物质。红外图像突出了星系中恒星形成处的尘埃带所辐射的热量。光学图像主要来自与尘埃带具有相同旋涡结构的恒星。

尺度和距离　图像覆盖约 11.4 万光年的天区
距离地球约 2 100 万光年

波长 / 颜色　X 射线波段：紫色
紫外波段：蓝色
红外波段：红色
光学波段：黄色

环状星系 AM 0644-741

AM 0644-741 是一个距离地球大约 3 亿光年的环状星系。这幅钱德拉和哈勃的合成图像显示了一个由致密天体组成的星系环。钱德拉的数据显示了一个非常明亮的 X 射线源，这个 X 射线源很有可能来自一个双星系统。在这个系统中，恒星级黑洞或中子星离伴星较近，不断吸积伴星的气体，形成一个吸积盘，产生明亮的 X 射线。这个环状星系可以帮助科学家更好地理解当星系相互碰撞时到底会发生什么。

尺度和距离 图像覆盖约 28 万光年的天区
距离地球约 3 亿光年

波长 / 颜色 X 射线波段：紫色
光学波段：红色，绿色，蓝色

银河系中心

这幅钱德拉的图像捕捉到了我们银河系中心超大质量黑洞周围的环境。弥散的 X 射线来自恒星爆炸加热的气体、中央超大质量黑洞的能量外流，以及大质量恒星的风。数以千计的点源是因普通恒星向致密的恒星残骸（如黑洞、中子星和白矮星）提供物质而产生的。

尺度和距离 图像覆盖约 4 光年的天区
距离地球约 2.6 万光年
波长 / 颜色 X 射线波段：红色，绿色，蓝色

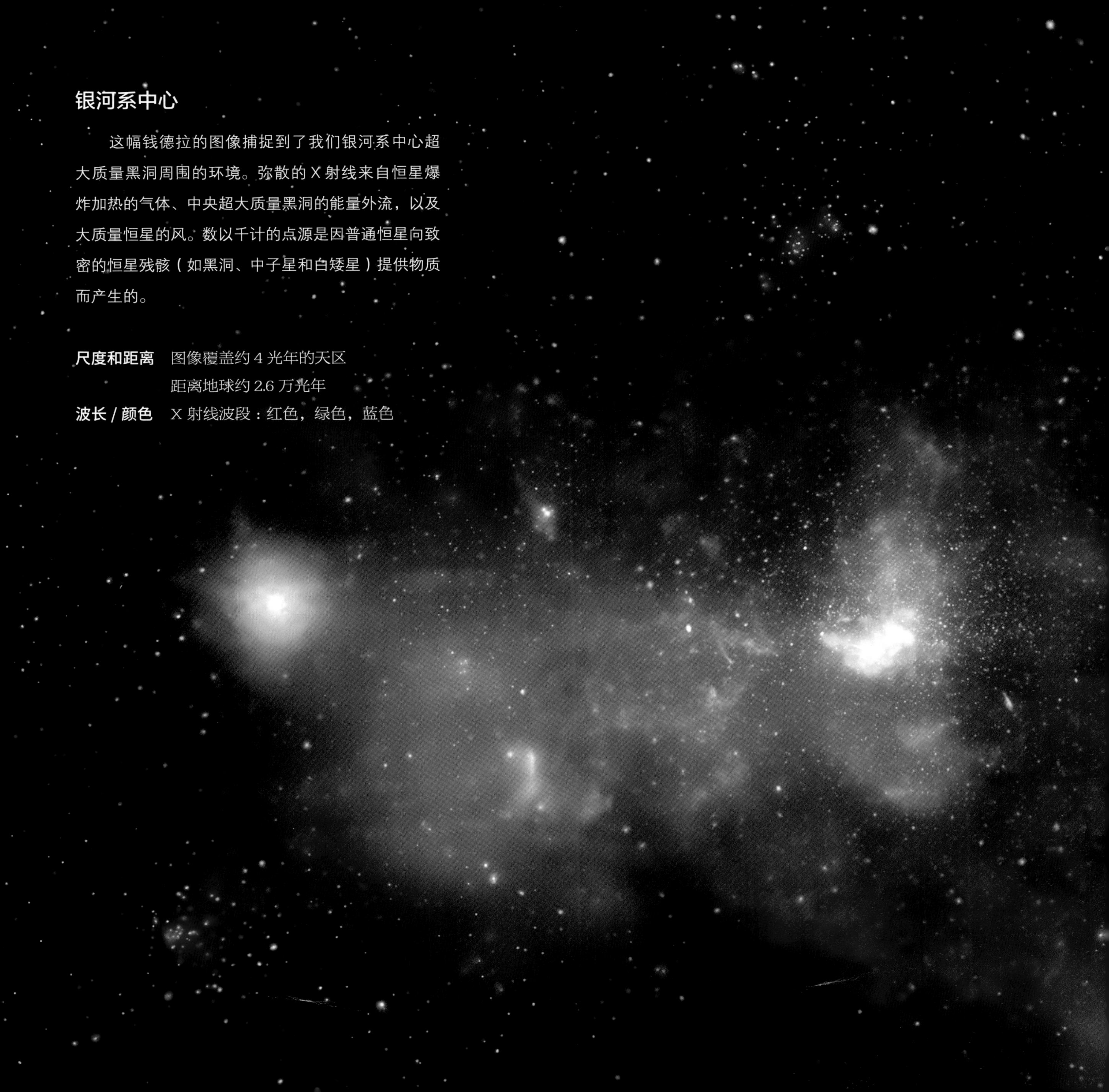

“大胖子”（El Gordo）星系团，详见第 152 页

第四章

浩瀚星海

“牙刷”（Toothbrush）星系团，详见第 163 页

星系团

星系团是多个星系由引力聚集在一起而形成的星系集团。星系团不仅仅是宇宙中的庞然大物，还被用来研究当今科学界一些最大的谜团。

星系团是由什么组成的？它们含有 3 种主要成分：第一，数百或数千个包含恒星、行星、尘埃和气体的星系；第二，弥漫在星系间的巨大的热气体云；第三，暗物质，一种迄今为止只能通过其引力效应才能被探测到的未知物质。

热气体充满了星系之间的空间，它们的质量比星系团中所有星系的质量加起来都要大。即使是最强大的光学望远镜也无法观测到这种过热的气体，只有像钱德拉这样的 X 射线望远镜才能做到。此外，钱德拉超常的 X 射线视野让天文学家得以研究这些热气体储存库的细节，从而揭示由巨型黑洞驱动的强大爆发现象的秘密。

科学家们认为，星系团是由暗物质团块形成的，它们相应的星系在引力作用下聚集在一起，形成几十个星系群，这些星系群又组合形成星系团。当星系团形成时，星系团中的气体被加热。当气体云包裹着星系群在数十亿年的时间里相互碰撞、合并形成星系团时，这种加热过程可能异常猛烈。

利用钱德拉 X 射线天文台，天文学家发现了这些庞然大物合并的惊人证据。星系团相互发生碰撞，这是自大爆炸以来宇宙中最强大的事件之一。钱德拉捕捉到了这些惊天动地的碰撞的图像，帮助我们解开了它们的秘密。

钱德拉对星系团中热气体云的观测也为我们了解宇宙的起源、演化和命运提供了重要线索。天文学家利用钱德拉的探测数据证明：数十亿年来，宇宙的加速膨胀抑制了星系团的增长，进一步证明了一种被称为暗能量（dark energy）的神秘力量的存在。这些研究也对爱因斯坦的广义相对论进行了独特的检验。

接下来，我们一起来欣赏一些最引人注目的星系团的图像。其中最负盛名的是子弹星系团（Bullet Cluster），天文学家在两个星系团的激烈碰撞中捕捉到暗物质与热气体撕裂的过程。英仙星系团的图像揭示了宇宙中最深沉的音调，大约比钢琴上的中央 C 低 57 个八度（octaves），它是由位于英仙星系团中心的超大质量黑洞发出的声音。如果没有钱德拉的 X 射线之眼，我们就无法揭开这些宇宙巨人的神秘面纱。

3C 295 星系

3C 295 星系位于一个巨大星系团的中心。钱德拉的数据显示，一个中央星系嵌在巨大的热气体云中。这片云包含了 100 多个星系，温度高达 5 000 万摄氏度。来自中央星系的 X 射线集中在 3 个明亮的节点上，很可能是物质落入超大质量黑洞时产生的。

尺度和距离 图像覆盖约 96 万光年的天区
距离地球约 47 亿光年

波长 / 颜色 X 射线波段：红色，蓝色

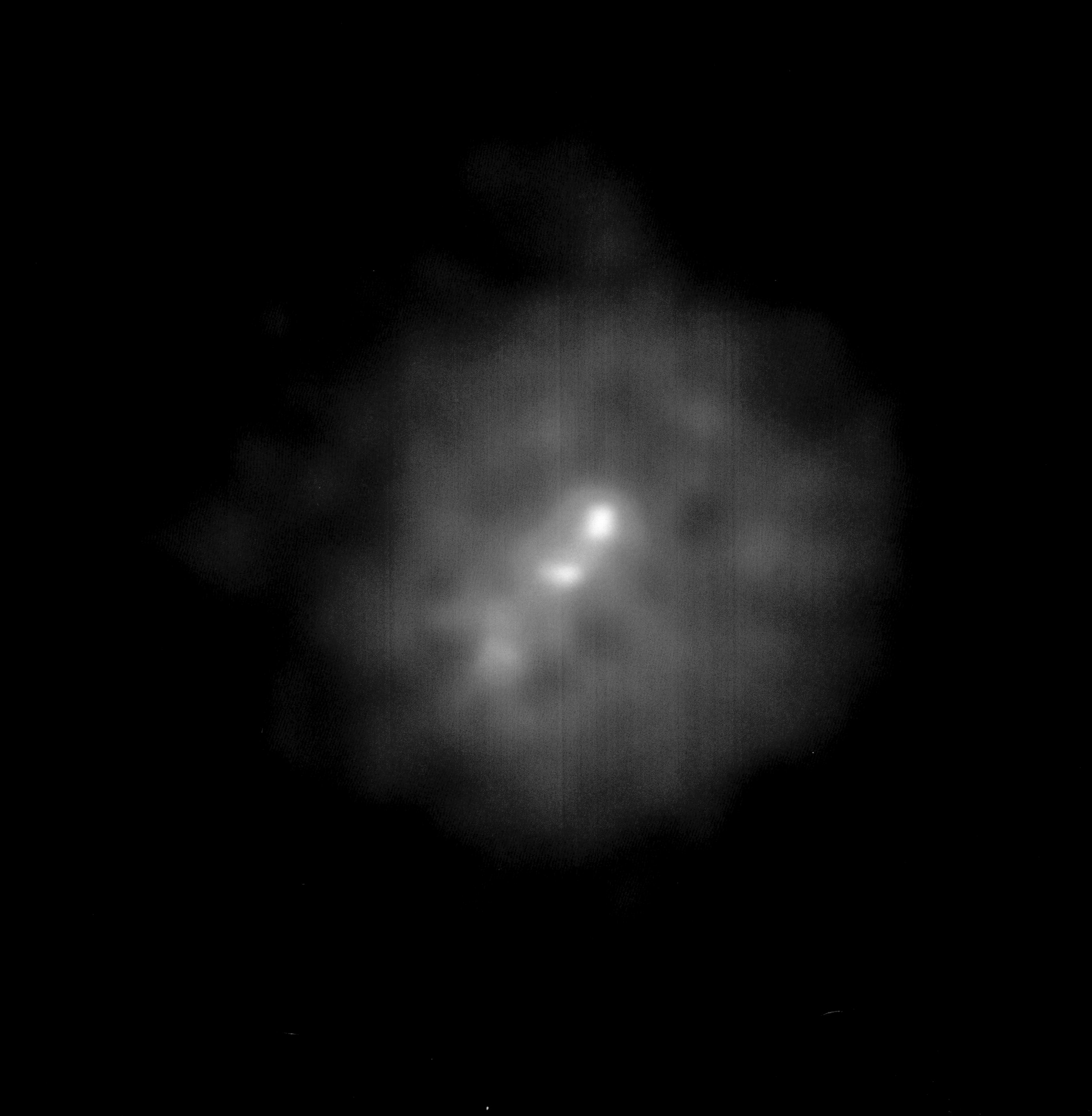

子弹星系团

子弹星系团（1E 0657-56）是由两个巨大的星系团碰撞形成的。星系团碰撞是自大爆炸以来宇宙中最具能量的事件之一。碰撞如此猛烈，以至于将钱德拉探测到的热气体在星系团中与暗物质分离开来。这幅图像为暗物质的存在提供了直接的证据。暗物质是一种神秘的物质，电磁波探测不到，只有通过它的引力才能间接探测到它的存在。天文学家可以利用爱因斯坦广义相对论所预言的引力透镜效应来推断暗物质的存在。引力透镜效应*（gravitational lensing）是指远处光源的光线在传播路径上经过大质量天体附近时发生弯曲的一种现象。

尺度和距离 图像覆盖约 800 万光年的天区
距离地球约 38 亿光年

波长 / 颜色 X 射线波段：粉色
光学波段：白色 / 橙色
引力透镜图：蓝色

*根据广义相对论，当背景光源发出的光在引力场（比如星系、星系团、黑洞）附近经过时，光线会像通过透镜一样发生弯曲。光线弯曲的程度主要取决于引力场的强弱。分析背景光源的扭曲，可以帮助研究中间作为“透镜”的引力场的性质。

艾贝尔 1689 星系团

艾贝尔 1689（Abell 1689）是一个巨大的星系团，虽然看起来很平静，但那里可能正在进行星系合并。虽然在钱德拉的图像中，数百万摄氏度的气体看起来很平滑，但温度信息表明，这个星系团的结构是复杂的。光学图像中的那些长弧是迄今为止发现的最大的弧状系统，是由星系团中的物质对背景星系的引力透镜效应所造成的。

尺度和距离 图像覆盖约 200 万光年的天区
距离地球约 22 亿光年

波长 / 颜色 X 射线波段：紫色
光学波段：黄色

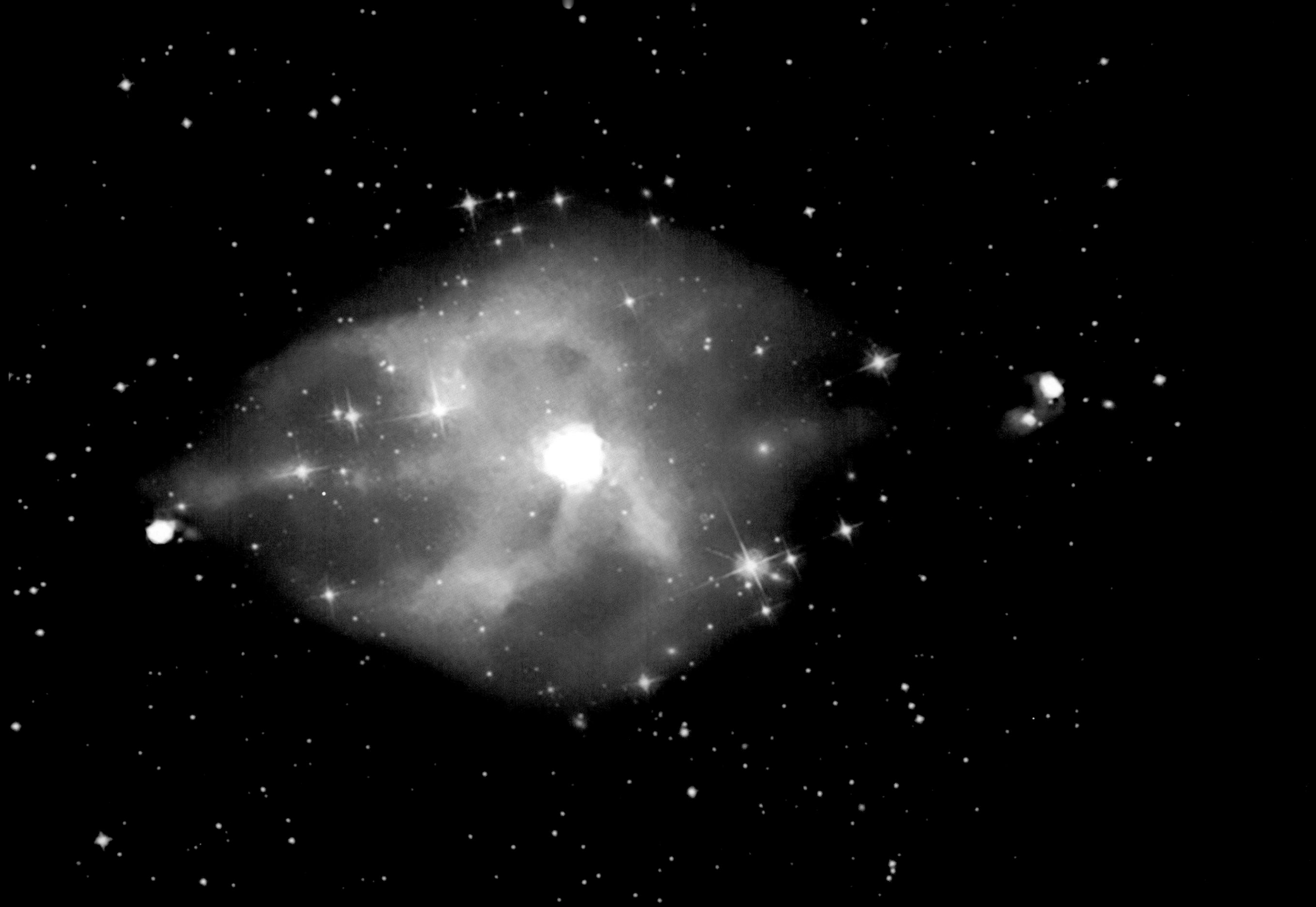

天鹅射电源 A

当一个黑洞旋转时，它会产生一个缠绕在一起的物质柱，或者说从两极喷射出喷流。天鹅射电源 A（Cygnus A）是一个位于星系团中央的星系，它的中心有一个超大质量黑洞喷出这样的喷流。来自钱德拉的数据显示，这个喷流先是被一堵热气体墙弹开，然后在一团粒子云中打出了一个洞。通过研究这样的喷流，天文学家可以更多地了解黑洞是如何影响其周围天体的。

尺度和距离 图像覆盖约 54 万光年的天区
距离地球约 7.6 亿光年

波长 / 颜色 X 射线波段：紫色
光学波段：红色，绿色，蓝色

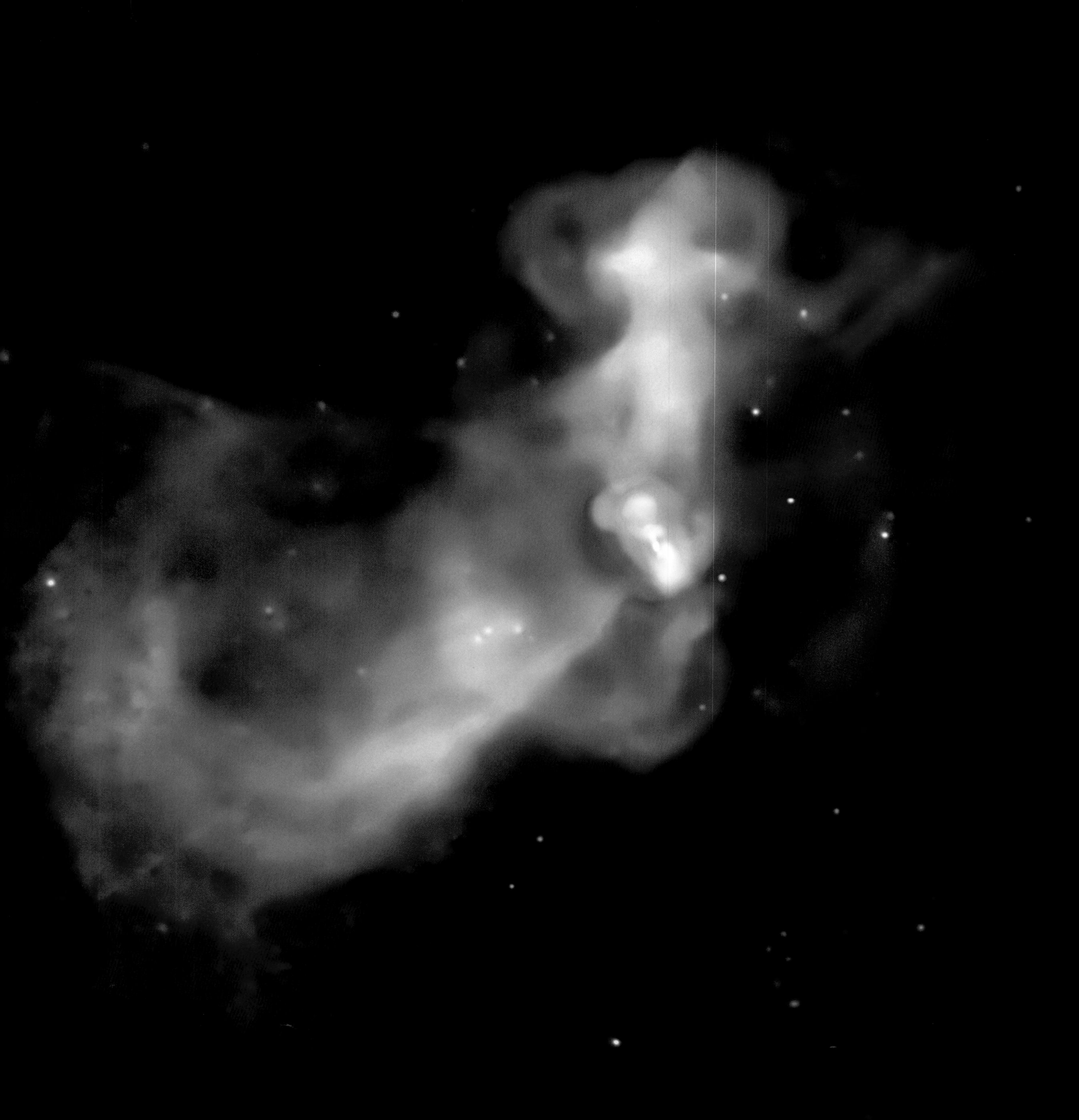

室女 A 星系

这幅图像显示了大质量星系室女 A 星系（M87）中如超级火山喷发一般的景象，这种景象同时被钱德拉用 X 射线和美国新墨西哥州的甚大阵（VLA）射电望远镜用射电波记录了下来。室女 A 星系距离地球不算太远，约 5 000 万光年，位于室女星系团的中心，室女星系团包含数千个星系。在室女 A 星系的核心有一个巨大的黑洞 *，正在产生大量的高能粒子喷流，类似于地球上的火山喷发。

尺度和距离 图像覆盖约 20 万光年的天区
距离地球约 5 000 万光年

波长 / 颜色 X 射线波段：蓝色
射电波段：红色，橙色

---

* 2019 年 4 月 10 日，人类史上首张黑洞照片发布（上图），由事件视界望远镜所拍摄。这个超大质量黑洞位于 M87 星系的中心，从图中能够看到，一个出现了明显弯曲的不对称光环围绕着该黑洞。

艾贝尔 520 星系团

和子弹星系团一样，艾贝尔 520（Abell 520）也是星系团之间剧烈碰撞的地点，碰撞导致暗物质从“正常”物质中分离出来。这幅由 X 射线数据和光学数据合成的图像显示了暗物质、星系和热气体在这个合并的星系团中的分布情况。钱德拉的数据显示，热气体弥漫在整个碰撞区域。

尺度和距离 图像覆盖约 540 万光年的天区
距离地球约 24 亿光年

波长 / 颜色 X 射线波段：绿色
光学波段：红色，绿色，蓝色，橙色
引力透镜图：蓝色

武仙座 A

武仙座 A（Hercules A）是一个有着超大质量黑洞的星系，位于星系中心的黑洞正以相对较快的速度吸积大量物质。钱德拉的数据展示了一个巨大的超热气体云，其能量来源于中心黑洞吸积物质所产生的能量。武仙座 A 中心黑洞的质量大约是我们银河系中心黑洞的 1 000 倍。这幅包含了光学数据和射电数据的合成图像显示，从中心黑洞喷射出的粒子流向外延伸了大约 100 万光年之远。

尺度和距离 图像覆盖约 170 万光年的天区
距离地球约 19 亿光年

波长 / 颜色 X 射线波段：粉色
光学波段：橙色，蓝色
射电波段：蓝色

“大胖子”星系团

这个星系团因其巨大的质量被昵称为“El Gordo”（西班牙语中“胖子”的意思）。这幅大胖子星系团的合成图像包含了来自钱德拉的 X 射线数据，是一幅利用引力透镜效应发现的暗物质的分布图，在这个视野中也有哈勃观测到的星系团中的单个星系和恒星。大胖子星系团是已知质量最大、温度最高的星系团，它发出的 X 射线比附近任何已知的或更远的星系团都要多。

尺度和距离 图像覆盖约 770 万光年的天区
距离地球约 72 亿光年

波长 / 颜色 X 射线波段：红色
光学波段：红色，绿色，蓝色
引力透镜图：蓝色

“柴郡猫”* 星系群

SDSS J103842.59+484917.7 星系群被昵称为“柴郡猫”（Cheshire Cat）星系群，因为它看起来像一只微笑的猫。那些像猫脸轮廓的特征，实际上是遥远星系发出的光被前景星系中的大量物质拉伸和弯曲了，即发生了所谓的引力透镜效应。这幅图像结合了钱德拉和哈勃的数据，表明猫的两只“眼睛”所代表的星系正在与相关的小星系相互撞击。

尺度和距离 图像覆盖约 145 万光年的天区
距离地球约 46 亿光年

波长 / 颜色 X 射线波段：粉色
光学波段：红色，绿色，蓝色

---

* 柴郡猫是《爱丽丝漫游奇境记》中一只喜欢咧着嘴笑的猫。

MS 0735.6+7421 星系团

MS 0735.6+7421 星系团是迄今为止观测到的最猛烈的黑洞爆发的发源地。钱德拉的数据显示，在这个星系团的中心，一个超大质量黑洞的爆发将星系团中的热气体撞出一些洞或坑来。射电数据显示黑洞中喷出巨大的喷流，而星系团中的星系以及视野中的恒星在光学波段可见。这些喷流驱动气体所需的能量是太阳过去 1 亿年输出的总能量的近 10 万亿倍。

尺度和距离 图像覆盖约 200 万光年的天区
距离地球约 26 亿光年

波长 / 颜色 X 射线波段：蓝色
射电波段：红色
光学波段：黄色

MACS J0416.1−2403 星系团

在这个被称为 MACS J0416.1−2403 的星系团中，钱德拉的数据显示了温度高达数百万摄氏度的合并星系团中的气体。光学图像显示了星系团中的星系，以及位于星系团后面的更遥远的背景星系。这些背景星系中的一些星系由于引力透镜效应而严重扭曲，也就是大质量天体把背景星系发出的光线弯曲了。引力透镜效应可以汇聚来自这些背景星系的光线，使天文学家能够研究这些背景星系，否则它们会因为太远太暗而无法被探测到。

尺度和距离　图像覆盖约 360 万光年的天区
距离地球约 42.9 亿光年

波长 / 颜色　X 射线波段：蓝色
射电波段：粉色
光学波段：红色，绿色，蓝色

MACS J0717.5+3745 星系团

MACS J0717.5+3745 星系团就像是在宇宙中穿行的列车失事后的残骸，它是由 4 个独立的星系团碰撞形成的，这样的碰撞是我们在已知宇宙中观测到的唯一一个。钱德拉的 X 射线数据显示了弥漫在整个星系团中的大量热气体。甚大阵利用射电波可以观测到这个星系团里的一个星系中的超大质量黑洞所喷出的等离子喷流，而哈勃空间望远镜在光学波段可以看到星系。

尺度和距离　图像覆盖约 680 万光年的天区
距离地球约 54 亿光年
波长 / 颜色　X 射线波段：蓝色
射电波段：粉色
光学波段：红色，绿色，蓝色

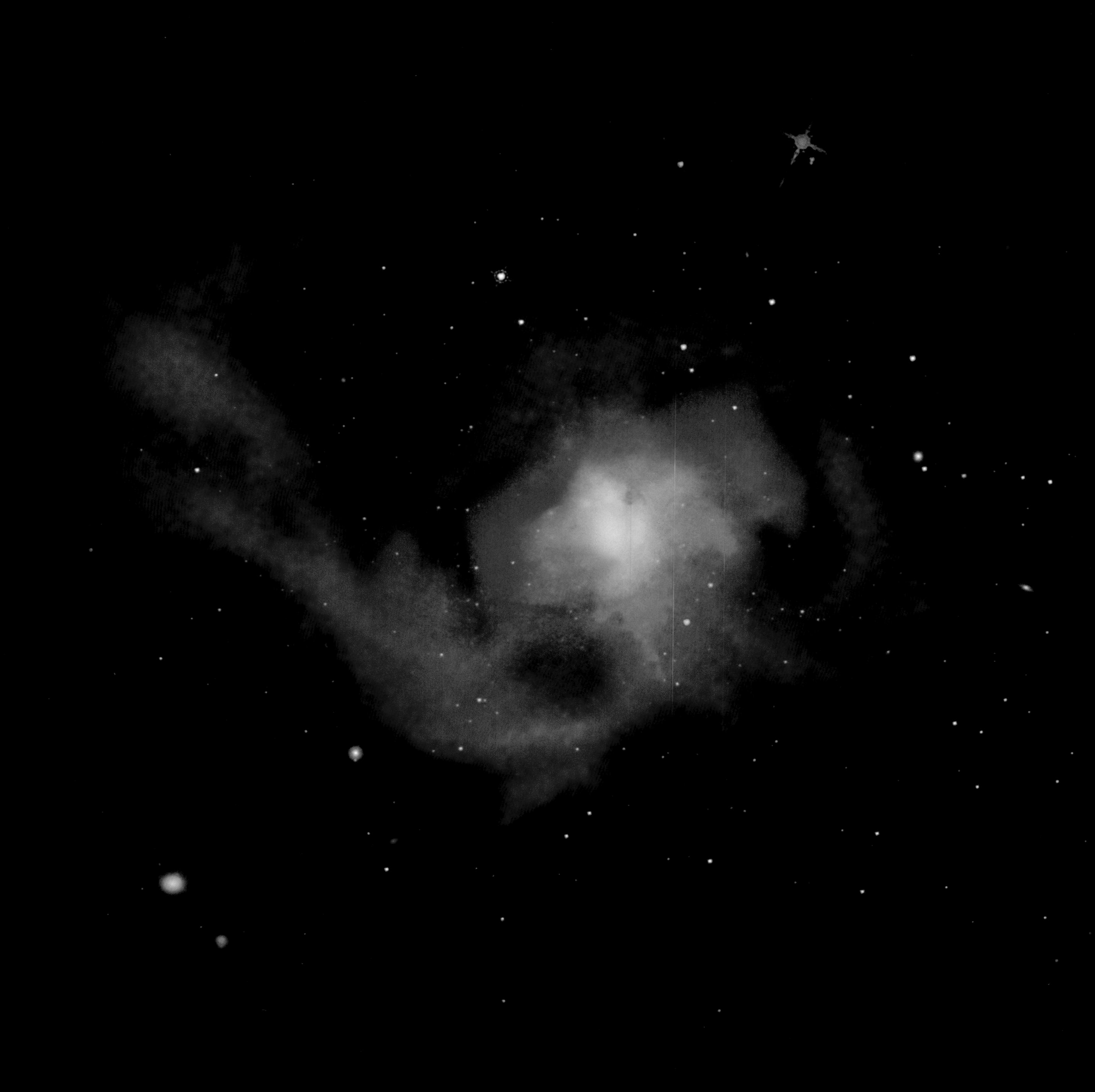

NGC 4696 星系

天文学家发现，NGC 4696 星系中的黑洞每隔 500 万 ~1 000 万年就会向其周围环境注入物质和能量。NGC 4696 是一个位于半人马星系团核心的椭圆星系，其中心存在一个黑洞。来自钱德拉和其他望远镜的 X 射线数据显示，这个黑洞在反复爆发。半人马星系团中的热气体辐射出 X 射线（红色），而 NGC 4696 星系中黑洞所喷出的粒子流在这些热气体中撞出了一些洞，使之充满射电辐射（蓝色）。

尺度和距离 图像覆盖约 9.3 万光年的天区
距离地球约 1.45 亿光年

波长 / 颜色 X 射线波段：红色
射电波段：蓝色
光学波段：绿色

艾贝尔 3411 和艾贝尔 3412 星系团

宇宙中最强大的两种现象——超大质量黑洞的爆发、巨大星系团之间的碰撞，这两种现象同时发生便会产生一个巨大的宇宙粒子加速器。钱德拉与其他几台望远镜强强联合，有了一个重要发现：一个超大质量黑洞的爆发被卷入了艾贝尔 3411（Abell 3411）和艾贝尔 3412（Abell 3412）星系团的碰撞当中，导致粒子异常加速，从而解释了在射电波段观察到的神秘旋涡结构。

尺度和距离 图像覆盖约 980 万光年的天区
距离地球约 20 亿光年

波长 / 颜色 X 射线波段：蓝色
射电波段：粉色
光学波段：红色，绿色，蓝色

“牙刷”星系团

RX J0603.3+4214 星系团被称为牙刷星系团，因为它与日常生活中的牙刷很相似。事实上，牙刷的“刷柄”是由射电波引起的，而扩散辐射的“牙膏”是由钱德拉观察到的 X 射线产生的。昴星团望远镜（Subaru Telescope）拍摄的光学图像里显示了星系和恒星，引力透镜图表明这里的质量异常集中，其中大约 80% 是暗物质。

尺度和距离 图像覆盖约 1 460 万光年的天区
距离地球约 27 亿光年

波长 / 颜色 X 射线波段：紫色
射电波段：绿色
光学波段：红色，绿色，蓝色
引力透镜图：蓝色

英仙射电源 A

钱德拉最重要的科学遗产之一，是发现了弥漫在星系团中的热气体中上升的气泡。这一发现是在英仙星系团中心的巨大星系英仙射电源 A（NGC 1275）中首次观测到的。射电数据显示，中央的超大质量黑洞喷出的喷流是造成气泡膨胀的原因。科学家们还利用钱德拉发现了英仙座的热气体中的涟漪，这种涟漪可以转化为宇宙中最深沉的音调。

尺度和距离 图像覆盖约 28 万光年的天区
距离地球约 2.5 亿光年

波长 / 颜色 X 射线波段：紫罗兰色
射电波段：粉色
光学波段：红色，绿色，蓝色

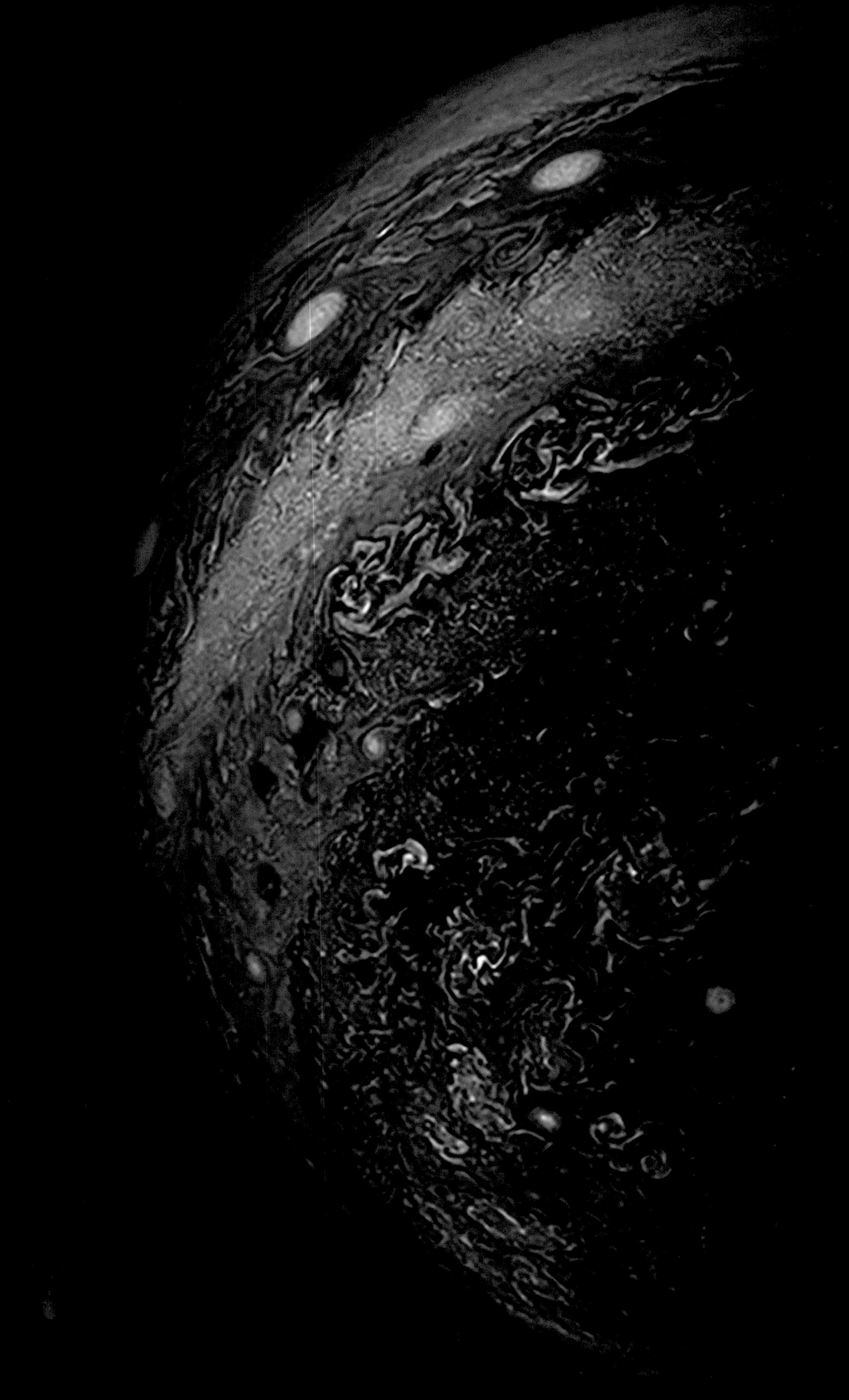

木星的南极，详见第 187 页

第五章

探索未知

木星的北极，详见第 186 页

探索未知领域

美国国家航空航天局大型轨道天文台计划的 4 台大型空间望远镜分别是哈勃空间望远镜、康普顿伽马射线天文台、钱德拉 X 射线天文台和斯皮策空间望远镜。这 4 台空间望远镜都被证明是非常灵活的观测平台。也就是说，它们不是只能观测某种类型的宇宙天体或天文现象，而是可以用来研究宇宙的方方面面。每台空间望远镜都被设计成观测一定波段的光谱，它们能力广泛，科学用途日益扩大。今天，世界各地的天体物理学家——包括每年新增加的数以百计的科学家，都在使用钱德拉来揭开我们宇宙的奥秘，有时钱德拉会以始料未及的方式给我们大大的惊喜。他们的观测发现已经转化为成千上万篇科学论文，这些论文所涉及的科学领域太广了，不能简单地归为几个类别。

钱德拉 X 射线天文台带来的科学探索是前所未有的。这一章将介绍强大的 X 射线望远镜所研究的一些意料之外的领域。钱德拉如今研究的一些重要科学问题在它最初设计开发的时候甚至都没有被发现。例如，“系外行星”，也就是太阳系外的行星，直到 20 世纪 90 年代中期才被发现，也就是钱德拉项目设想提出的近 20 年后。同样，还有控制宇宙加速膨胀的神秘力量——暗能量，科学家们直到钱德拉发射时才知道暗能量的存在。

钱德拉是这样一个科学与工程有机结合的神奇工具，它能够帮助我们理解这些新出现的和不断发展的天体物理学领域。这是对那些构思和建造钱德拉 X 射线天文台的人最好的致敬。

最后一章提供了钱德拉研究的各种对象的示例。如今，钱德拉的发现之旅仍在继续。宇宙的奥秘是无穷的，钱德拉将引领我们的目光望向宇宙更深更远处，我们期待钱德拉在未来能有更多精彩的发现。

天狼星 A 和天狼星 B

天狼星 *A 和天狼星 B（Sirius A and B）是距离地球仅 8.6 光年的两颗相互绕行的恒星。较亮的那颗是致密高温的白矮星，它的物理尺寸相对较暗的那颗要小得多；较暗的那颗是普通恒星，其直径是太阳的两倍。钱德拉 X 射线天文台的同名者——印度裔美国天文学家苏布拉马尼扬·钱德拉塞卡提出了白矮星理论。这幅天狼星 A 和天狼星 B 的图像是在钱德拉 X 射线天文台发射到太空一年后拍摄的。

尺度和距离 图像覆盖约 0.0032 光年的天区
距离地球约 8.6 光年

波长 / 颜色 X 射线波段：紫色到白色

---

*天狼星是夜空中最亮的恒星，我们肉眼观察以为它是一颗恒星，但它实际是一个双星系统。天狼星看起来如此之亮，除了因其本身的光度很高，还因为它是离地球最近的恒星之一。中国古代星象学说中，天狼星是“主侵略之兆”的恶星。屈原在《九歌·东君》中“举长矢兮射天狼”，以天狼星比拟位于楚国西北的秦国；而苏轼在《江城子·密州出猎》中“会挽雕弓如满月，西北望，射天狼”，以天狼星比拟威胁北宋西北边境的西夏。

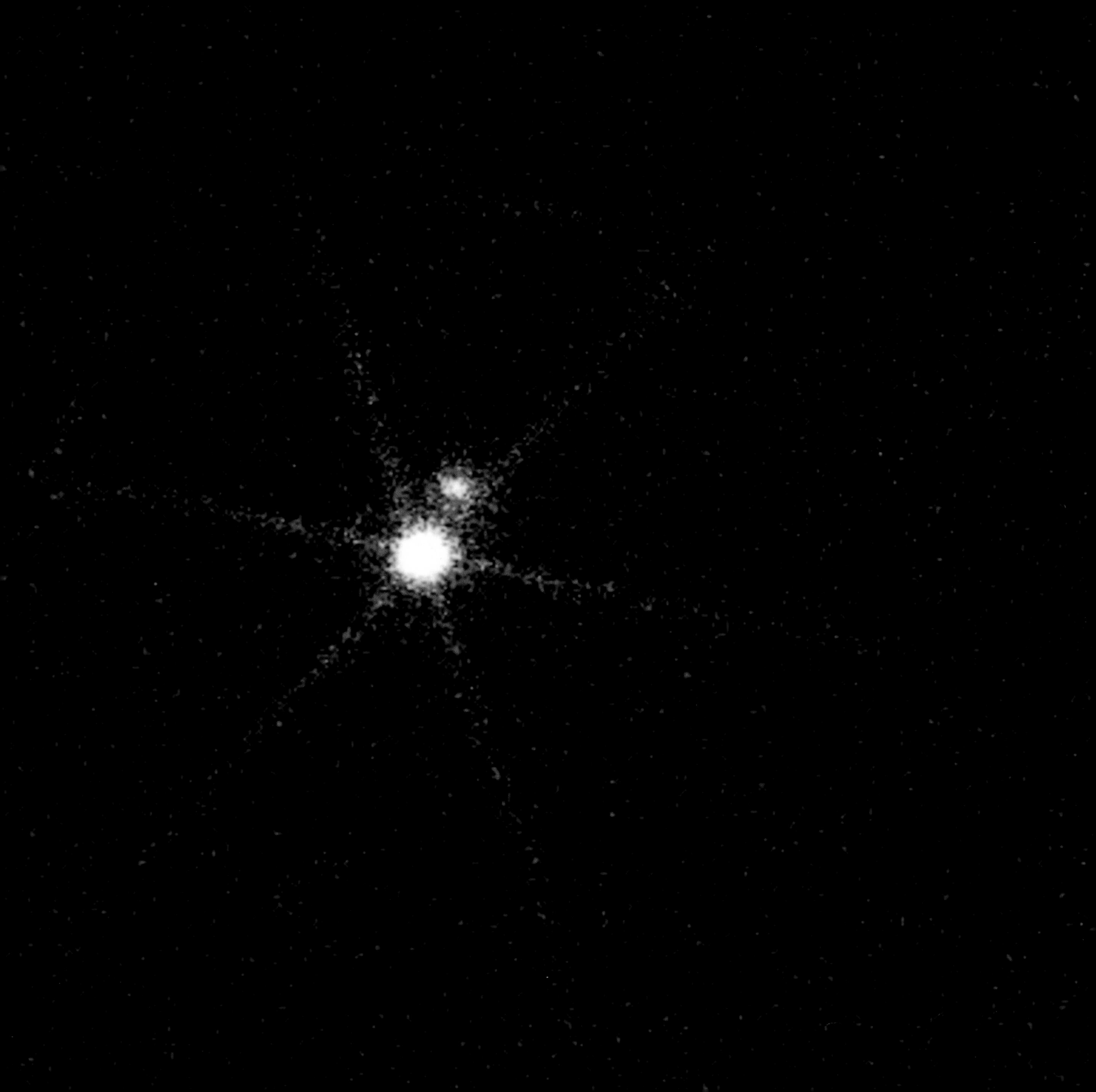

天鹅 X–3

天鹅 X–3（Cygnus X–3）发出的 X 射线辐射是普通恒星的物质被吸积到附近的中子星或黑洞时产生的。在钱德拉拍摄的天鹅 X–3 的图像中，X 射线辐射强度从黑色（低）到红色（高）不等，中间的普通恒星是 X 射线源，恒星周围环绕着一个光晕，光晕是由沿钱德拉视线范围内的尘埃颗粒散射光形成的（图中水平方向上一条锐利的线条是天鹅 X–3 太亮所造成的仪器效应）。科学家们已经利用光晕发出的辐射来测量宇宙距离。

尺度和距离 图像覆盖约 29 光年的天区
距离地球约 3 万光年

波长 / 颜色 X 射线波段：黑色到红色

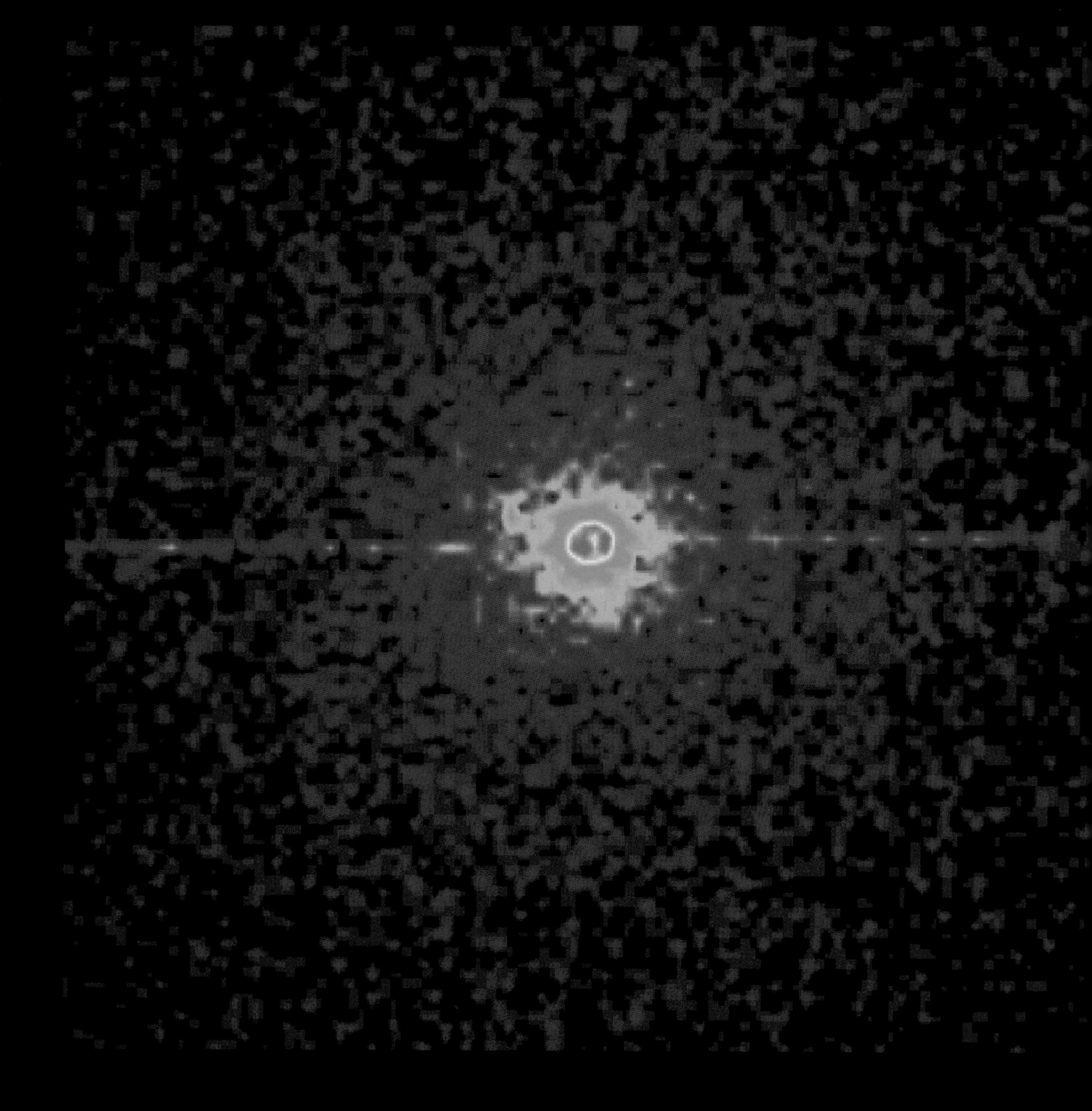

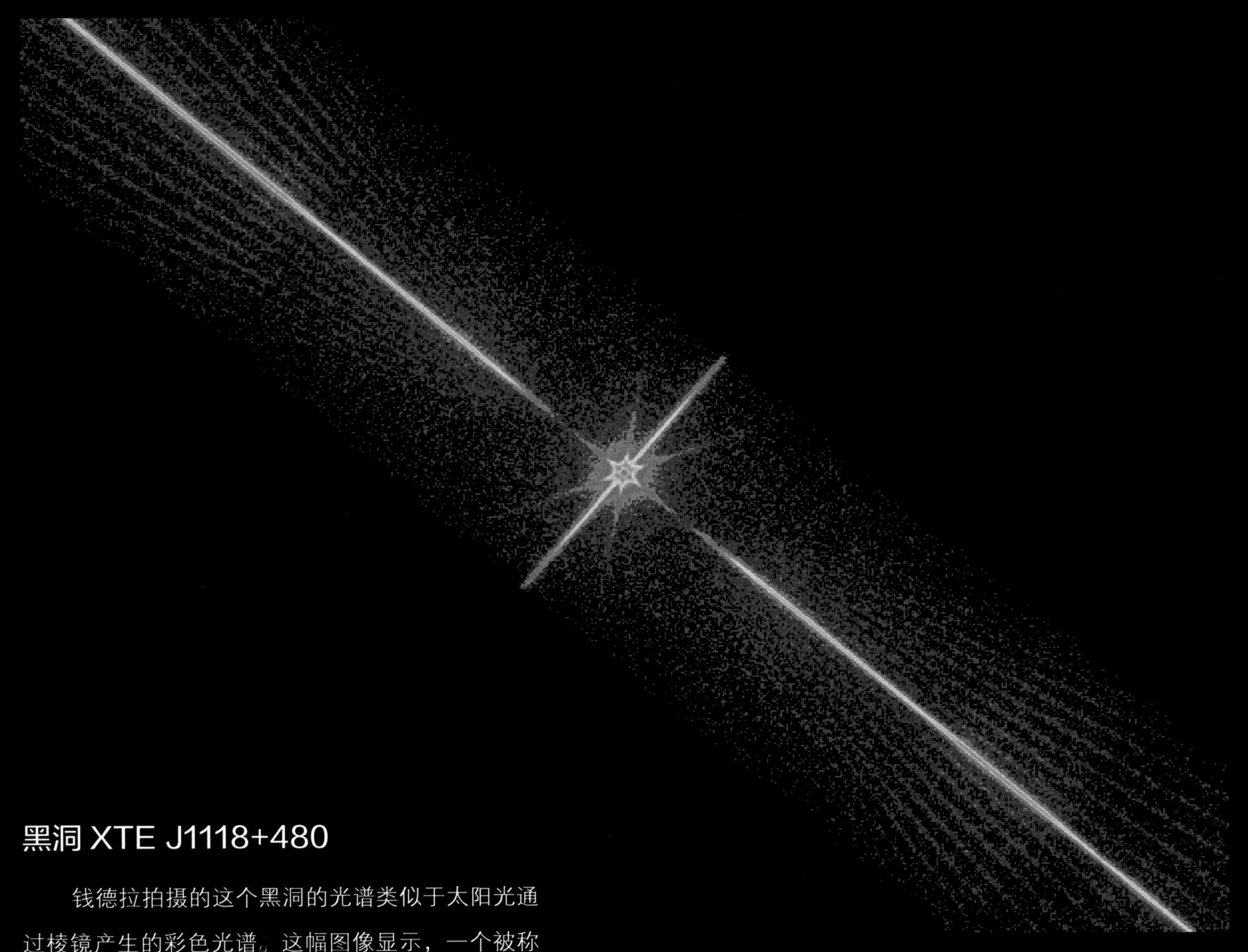

黑洞 XTE J1118+480

钱德拉拍摄的这个黑洞的光谱类似于太阳光通过棱镜产生的彩色光谱。这幅图像显示，一个被称为 XTE J1118+480 的黑洞正在发生 X 射线耀发，黑洞周围有一个物质盘，物质盘延伸出去的位置比一些理论预测的要远得多。科学家们认为，在物质最终落入黑洞之前，这个物质盘可能会在物质喷发形成热气泡时被截断。

尺度和距离 图像覆盖约 5.8 光年的天区
距离地球约 5 000 光年
波长 / 颜色 X 射线波段：黑色到红色

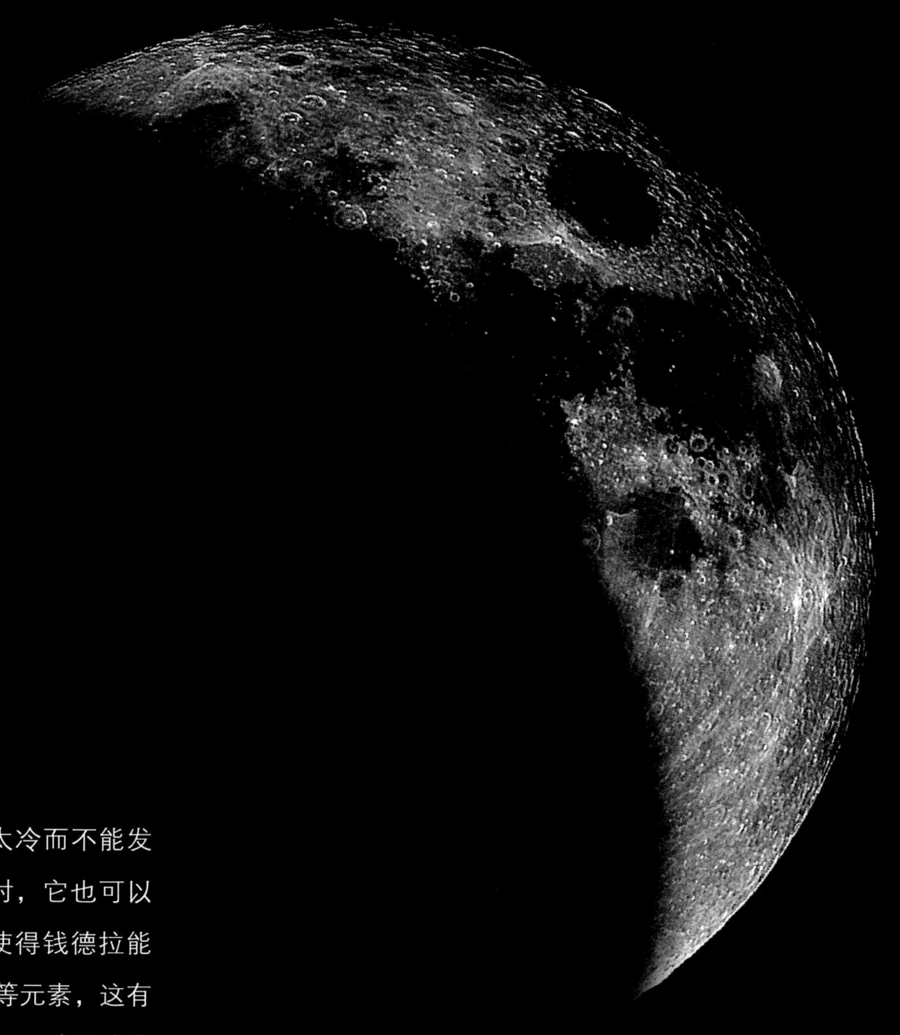

光学图像

月球

作为地球的卫星，月球因为本身太冷而不能发出 X 射线，但当太阳光照射月球表面时，它也可以变成一个 X 射线源。来自太阳的光线使得钱德拉能够探测到月球土壤中的氧、镁、铝、硅等元素，这有助于我们更好地理解月球是如何形成的。月球黑暗的部分似乎也发出 X 射线，但它们实际上是由来自太阳的带电粒子与地球延伸的外层大气中的原子碰撞产生的。

尺度和距离 月球直径约为 3 476 千米
拍摄此图像时月球距地球约 37 万千米
波长 / 颜色 X 射线波段：蓝色

X 射线图像

地球上的极光

虽然钱德拉的设计初衷并非如此，但它对研究我们自己的星球也做出了贡献。这些图像显示了钱德拉对北极光的观测。极光是由太阳风暴产生的，太阳风暴扰乱地球磁场，加速的电子沿着磁场线进入极地地区。在那里，电子与地球大气层高处的原子发生碰撞并发射 X 射线，其中一些射线只有钱德拉才能观测到。

尺度和距离 北极到黑色圆圈的距离约为 3 339 千米
图中极光距离地球表面约 12 万千米

波长 / 颜色 X 射线波段：深蓝色到红色

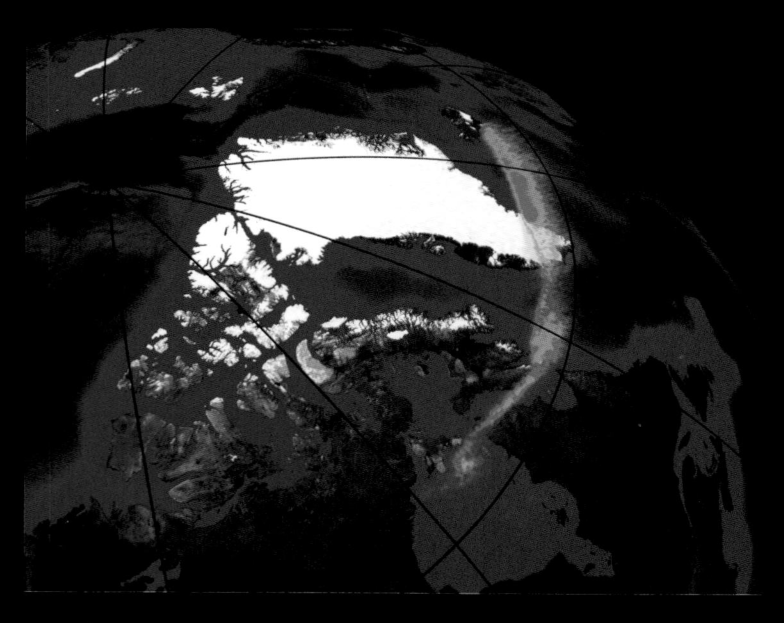

2004 年 1 月 24 日

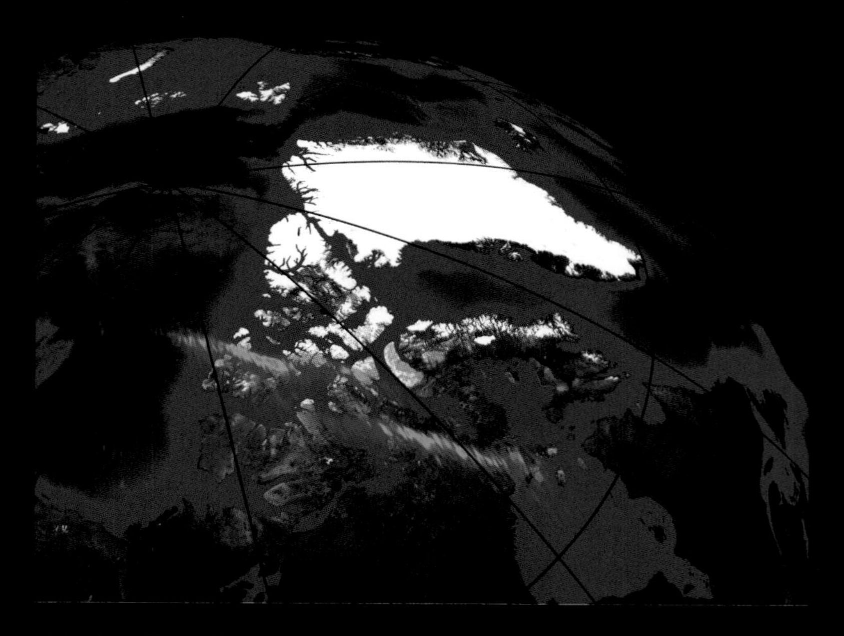

2004 年 1 月 30 日

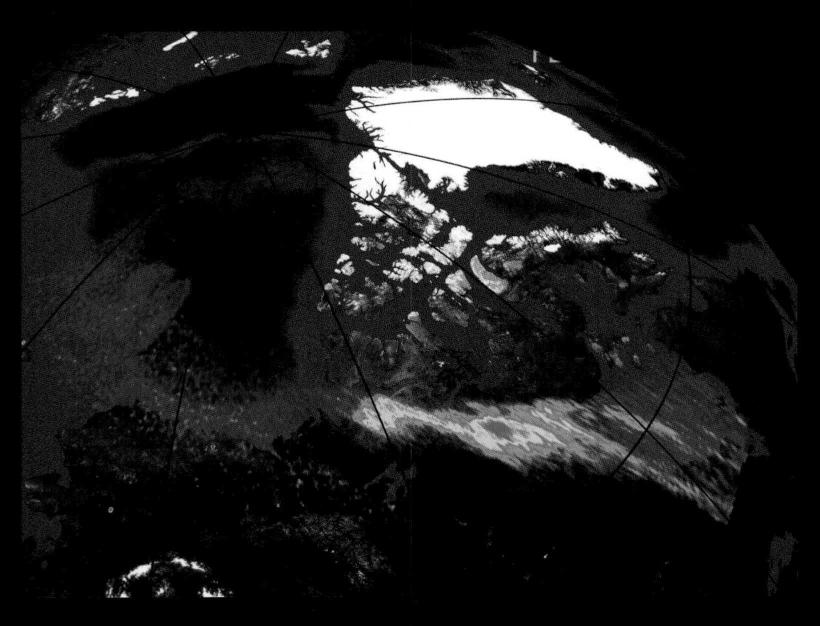

2004 年 2 月 15 日

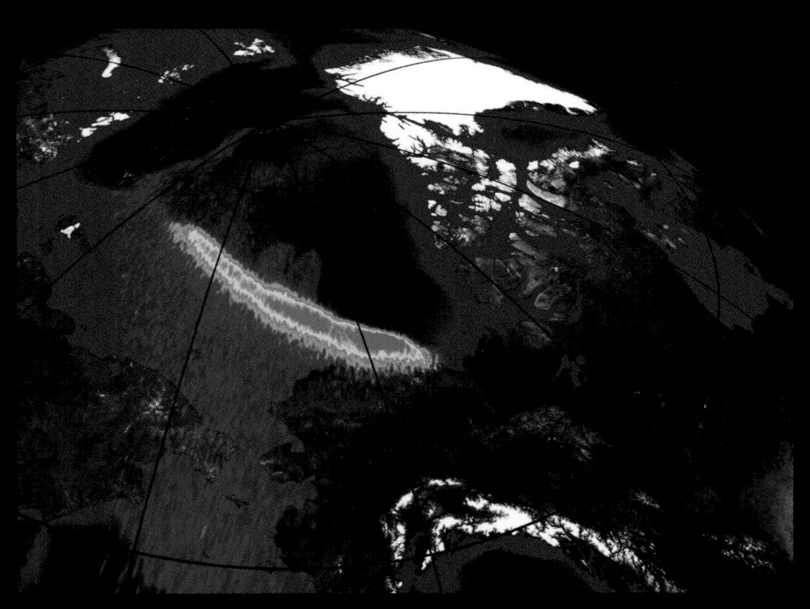

2004 年 4 月 13 日

天鹅 X-1

天鹅 X-1（Cygnus X-1）最初发现于 1964 年，它包含了第一个通过 X 射线和光学观测被确认的黑洞。几十年后，科学家们仍然在观测这个系统，它包含一个围绕伴星运行的黑洞。天鹅 X-1 的黑洞属于恒星级黑洞，是一颗大质量恒星坍缩形成的。钱德拉对其展开了详细观测，以前所未有的精度确定了这个黑洞的旋转、质量和距离等信息。

尺度和距离　图像覆盖约 424 光年的天区
距离地球约 6 070 光年
X 射线图像跨度约 8 光年

波长 / 颜色　X 射线波段：蓝色到白色

光学图像

死亡星球 CoRoT-2a

虽然看起来很平静，但钱德拉对恒星 CoRoT-2 的观测显示，这颗恒星正在摧毁围绕在它周围的近距离轨道上的一颗巨行星 CoRoT-2a 的大气层（见概念图）。虽然无法直接观测到这颗行星，但来自钱德拉的数据为我们了解它的起源、性质和命运提供了线索。此外，钱德拉也能帮助我们探测银河系中太阳系外的其他行星。天文学家估计，高能辐射导致每秒大约有 500 万吨的物质从这颗行星上散失掉。

尺度和距离 图像覆盖约 1.2 光年的天区
距离地球约 880 光年

波长 / 颜色 X 射线波段：紫色到白色

X 射线和光学 / 红外合成图

概念图

系外行星 HD 189733b

天文学家利用 X 射线首次探测到太阳系外的一颗行星 HD 189733b 从其母恒星前面经过。X 射线数据表明，这颗行星的大气体积比之前认为的要大，母恒星可能正在比预期更快地蒸发它的大气（见概念图）。HD 189733b 是一颗木星大小的行星，在大约水星到太阳距离的轨道上，围绕它的母恒星运行。在 X 射线图像上，最上面的光源是 HD 189733b，而最右边和最底部的光源分别是恒星的伴星和背景天体。

尺度和距离 图像覆盖约 0.02 光年的天区

距离地球约 60 光年

波长 / 颜色 X 射线波段：紫色到白色

X 射线图像

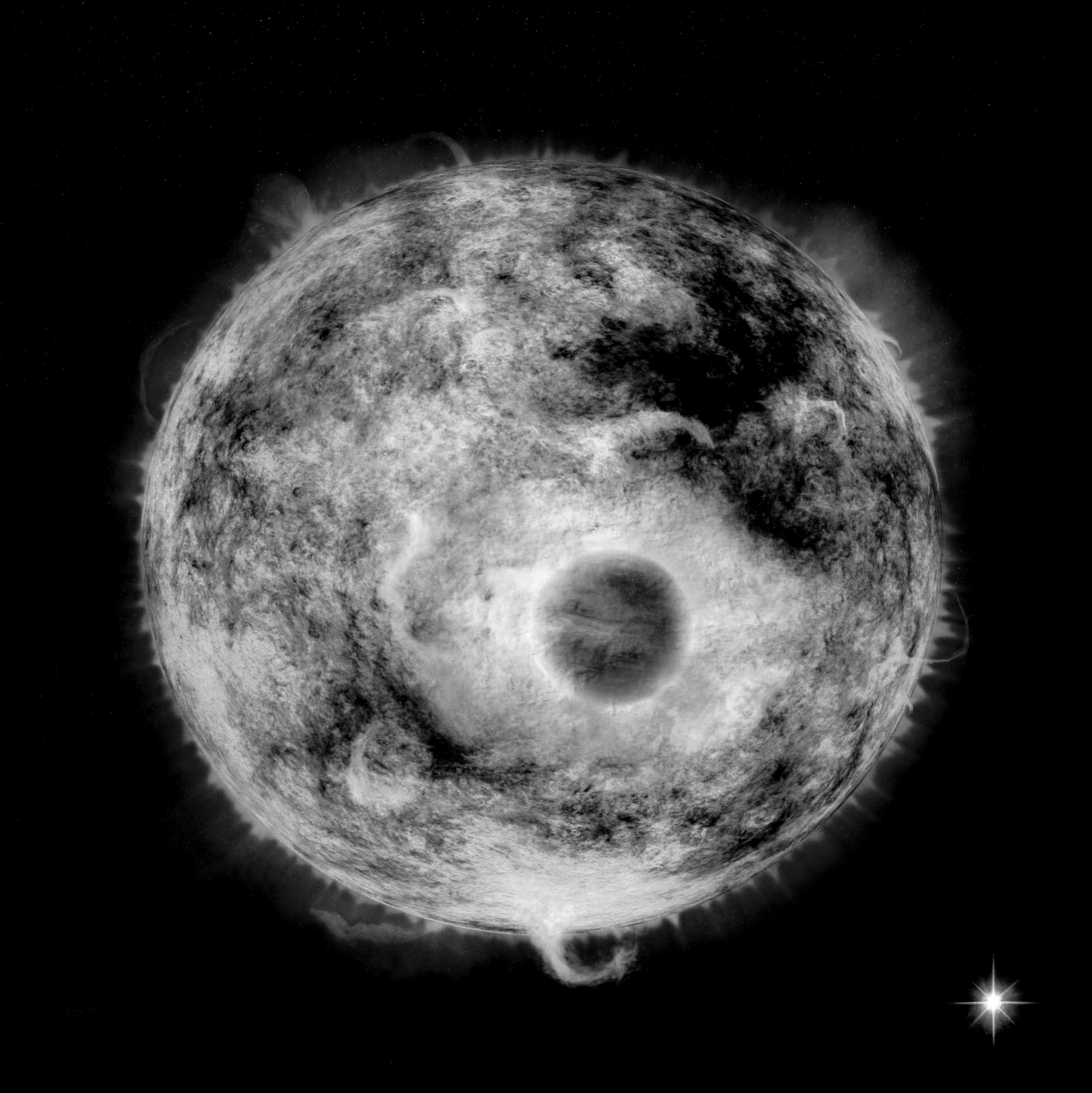

X 射线和光学图像

射电图像

银河系的“隐形”黑洞 VLA J2130+12

这幅图像显示，古老的球状星团 M15 的最左边是 VLA J2130+12 黑洞。VLA J2130+12 是银河系中一个不寻常的射电源，它是一个非常安静的黑洞，质量是太阳的几倍。钱德拉对这个系统的观测表明，银河系中黑洞的数量可能比之前所认为的要多得多。

尺度和距离 主图像覆盖约 5.4 光年的天区
圈出的区域跨度约 0.2 光年
距离地球约 7 200 光年

波长 / 颜色 X 射线波段：紫色
射电波段：绿色
光学波段：红色，绿色，蓝色

木星

木星是我们太阳系中距离太阳第五远的行星。钱德拉的 X 射线数据显示，木星两极的极光各自独立存在。这使得木星不同于地球，地球的北极光和南极光通常互为镜像。科学家们正将钱德拉的观测数据与美国国家航空航天局发射的正在木星轨道上运行的朱诺号 *（Juno）探测器的数据结合起来，以进一步了解这颗美丽的气态巨行星。

尺度和距离　木星直径约为 14 万千米

（钱德拉观测时）木星距离地球约 7.39 亿千米

波长 / 颜色　X 射线波段：紫色

*朱诺号的名称来自罗马神话。天神朱庇特（Jupiter）造出云雾遮掩自己，而他的妻子朱诺拥有神奇的力量，能够透过层层云雾看到朱庇特的真面目。

木星的南极

恒星格利泽 176

在一个恒星系统中，其行星是否适合生命存在，X 射线探测数据可以提供重要信息。恒星的 X 射线反映了它的磁场活动，恒星的磁场活动可以产生高能辐射和影响周围行星的爆发活动。研究人员使用钱德拉和 XMM 牛顿望远镜来研究 24 颗像我们的太阳一样的恒星，这些恒星至少有 10 亿年的历史，其中包括概念图和插图（X 射线图像）里显示的恒星格利泽 176（GJ 176）。

尺度和距离 图像覆盖约 0.079 光年的天区
距离地球约 30.2 光年

波长 / 颜色 X 射线波段：蓝色

X 射线图像

概念图

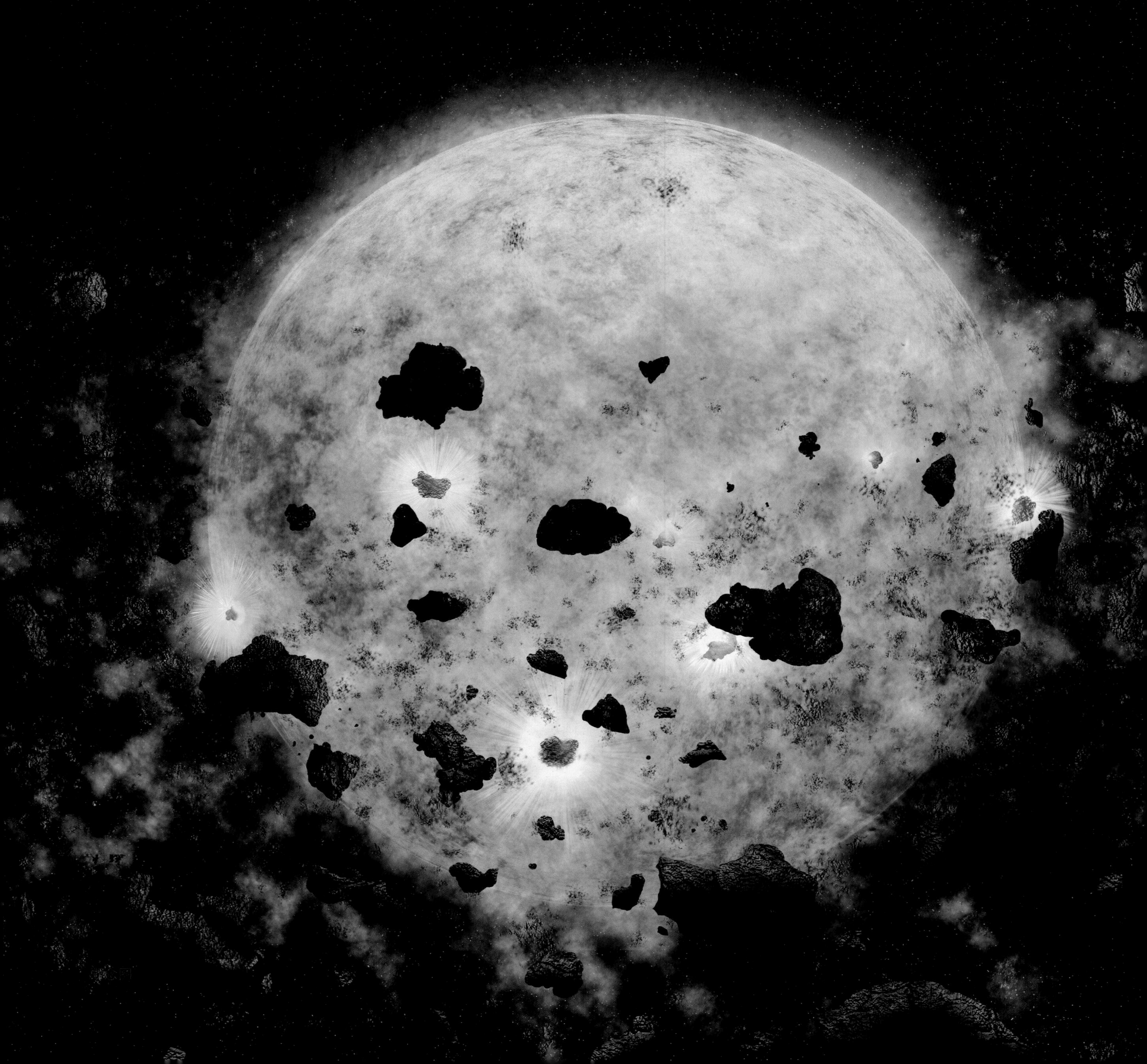

吞噬行星的年轻恒星 RW Aur A

钱德拉的探测数据表明，一颗年轻的恒星很可能已经摧毁并吞噬了一颗幼年行星（如概念图所示）。如果得到证实，这将是天文学家第一次目睹这样的事件。这颗被称为 RW Aur A 的恒星已经有几百万年的历史了。利用钱德拉的数据，如下面的光谱图所示，可以帮助天文学家洞察那些影响行星早期发展的过程。

尺度和距离 没有图像和光谱
距离地球约 450 光年

波长 / 颜色 目前仅有光谱数据

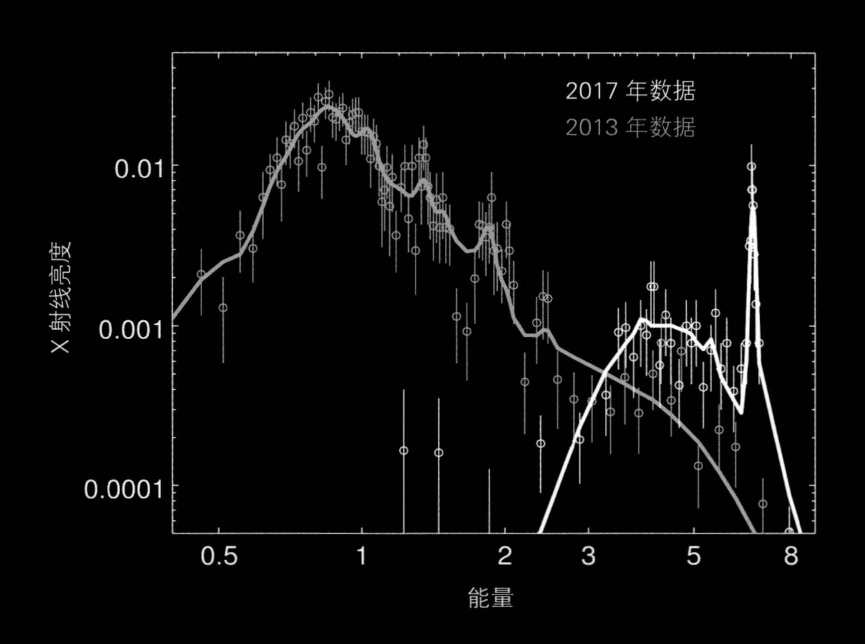

宇宙遗产巡天项目

宇宙遗产巡天项目（COSMOS Legacy Survey，COSMOS 是 Cosmic Evolution Survey 的缩写，意为宇宙演化巡天）收集了一些世界上最强大的望远镜的数据，这些数据涵盖了整个电磁波谱的范围。这幅图像包含了这次收集的钱德拉的数据，相当于大约 460 万秒的观测时间。钱德拉的数据为中等质量黑洞（如概念图所示）的存在提供了有力的证据。这样的结果可以让天文学家更好地理解早期宇宙中最大的黑洞是如何形成的。

尺度和距离 右侧的图像视场角度为 1.5°
距离地球 4.1 亿 ~110 亿光年

波长 / 颜色 X 射线波段：红色，绿色，蓝色
红外波段：白色

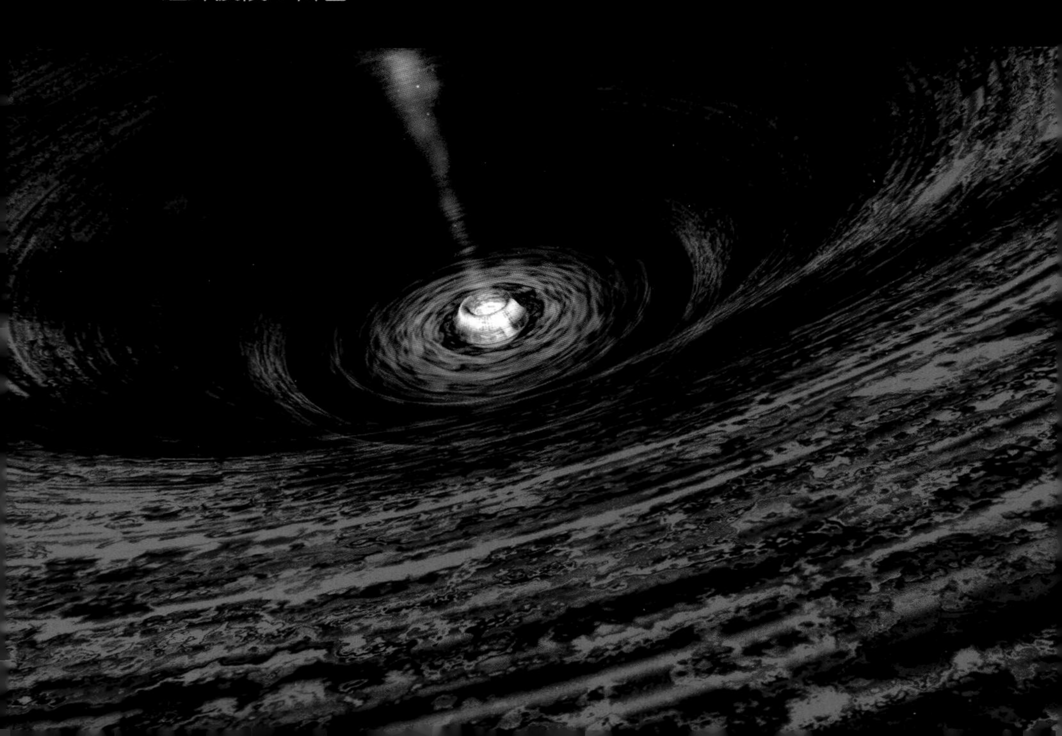

引力波事件 GW170817

2017 年 8 月 17 日，激光干涉引力波观测台（LIGO）探测到一起引力波事件 GW170817，此后的数天、数周和数月内，天文学家一直利用钱德拉的数据研究它。插图显示的是 2017 年夏末到年底的 X 射线变化。钱德拉的 X 射线对于理解两颗中子星碰撞时会发生什么至关重要。在引力波事件 GW170817 的例子中，一些科学家认为这一事件可能产生了目前已知的质量最小的黑洞。

尺度和距离： 图像覆盖约 20.5 万光年的天区
距离地球约 1.3 亿光年

波长 / 颜色 X 射线波段：紫色

2017 年 8 月 / 9 月

2017 年 12 月

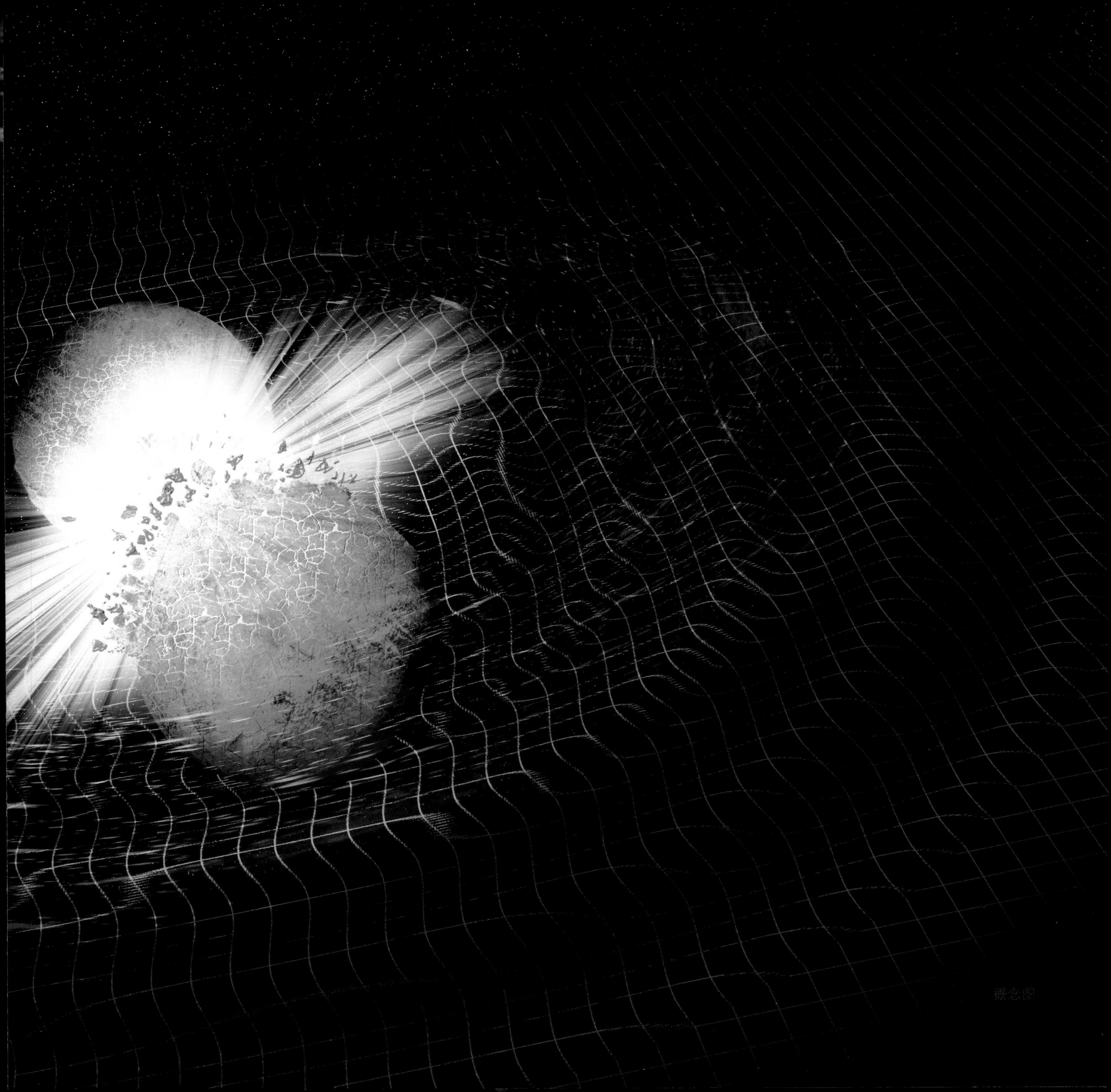
概念图

附录 | 钱德拉的诞生历程

1949 年

美国海军科研实验室发射的 V-2 火箭探测到日冕发出的 X 射线。

1962 年

里卡尔多·贾科尼和他的团队发射了一枚小小的空蜂火箭，这枚火箭搭载了配有正比计数器的 X 射线探测器，在火箭 350 秒的飞行中，该团队第一次发现了来自太阳系外的 X 射线源。

他们的研究结果发表在 1962 年的一篇论文中，这篇论文具有里程碑式的意义。贾科尼当时并不知道，他的团队已经从天蝎座 X-1 中探测到了 X 射线。天蝎座 X-1 是一个小质量的 X 射线双星系统，其中一颗矮星正在被附近的中子星撕碎。因为天蝎座 X-1 相对较近（9 000 光年），所以它是天空中除了太阳之外最亮的 X 射线源。

1963 年

9 个月后，贾科尼和他的团队向美国国家航空航天局提交了一份关于“太阳系外 X 射线天文学实验项目”（An Experimental Program of Extra-SolarX-ray Astronomy）的计划书。

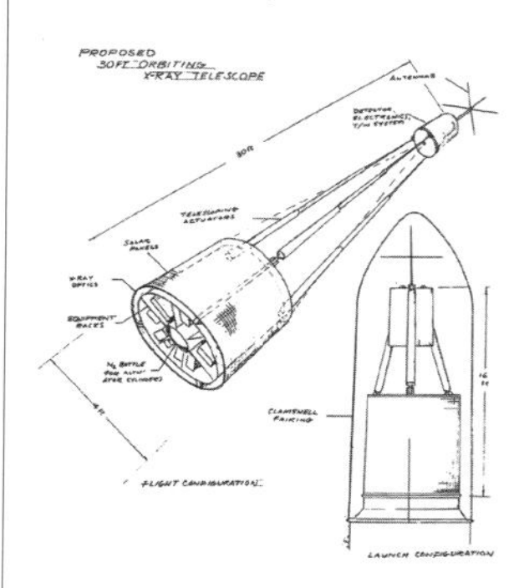

1963 年，贾科尼和他的同事提交给美国国家航空航天局的提案中的一幅图。尽管它比钱德拉早了 30 多年，但它的内容是如此具有前瞻性，以至于钱德拉与 X 射线天文学开创时代所提出的概念宇宙飞船和仪器的设计非常相似

1970 年

第一颗用于观测宇宙 X 射线源的卫星乌呼鲁[①]发射升空。该卫星配备了一个连接在观测管上的灵敏的正比计数器，它将已知的太阳系外的 X 射线源的数量扩大到 400 个。它发现“X 射线星”实际上是中子星或双星系统中正从伴星吸积物质的黑洞，并且观测到了星系团的炽热气体所辐射的 X 射线。

乌呼鲁是第一颗致力于高能天体物理学的卫星。在这张照片中，布鲁诺·罗西（Bruno Rossi，贾科尼的同事，X 射线天文学的伟大人物之一）和玛乔丽·汤森（Marjorie Townsend）一起进行了飞行前的测试。玛乔丽·汤森是第一位获得乔治·华盛顿大学工程学位的女性。她最终成为“SAS 小天文卫星”（Small Astronomy Satellite，SAS）项目的项目经理，乌呼鲁是其中第一颗这样的卫星

1976 年

里卡尔多·贾科尼和哈维·塔南鲍姆（Harvey Tananbaum）主动向美国国家航空航天局提交了“研发 1.2 米 X 射线望远镜国家空间天文台”的初步提案，这便是钱德拉最初的由来。该提案建议建立一个亚角秒成像的 X 射线望远镜，在当时根本没有人知道该怎么做。

1977 年

贾科尼和塔南鲍姆提交的提案引起了美国国家航空航天局总部的极大兴趣，他们发起了一项竞标计划，以此决定由哪些中心或机构来主导即将被称为 AXAF 的研发。由于在前期短暂的 X 射线天文学历史上具有开创性的领导地位，最终史密松天体物理台与美国国家航空航天局的马歇尔空间中心合作赢得了竞标。里卡尔多·贾科尼在史密松天体物理台领导了第一个 AXAF 科学团队。

1978 年

爱因斯坦天文台[②]发射升空。这是第一颗安装了掠射望远镜的 X 射线卫星，因此也是第一颗对银河系内外的 X 射线源都能进行成像的卫星。虽然这颗卫星只执行了不到 3 年的探测任务，但它使我们对宇宙的理解取得了非凡的进步。

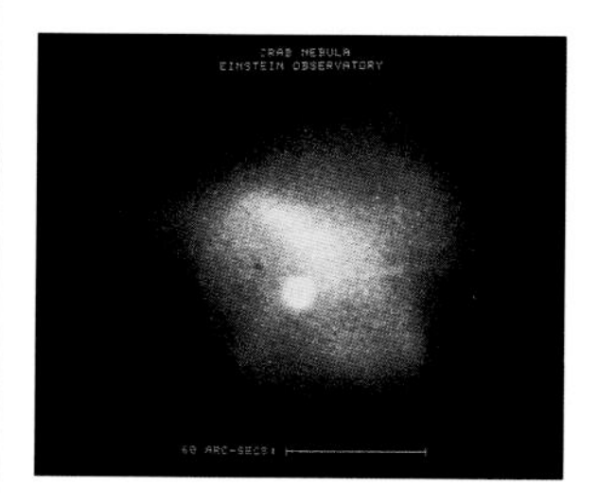

这是爱因斯坦天文台拍摄的蟹状星云和位于其中心的脉冲星的图像

1978 年 11 月 13 日，在佛罗里达州卡纳维拉尔角，爱因斯坦天文台准备发射

① 这是人类历史上第一颗 X 射线天文卫星，由美国于 1970 年 12 月 12 日在肯尼亚发射升空。发射当天正值肯尼亚独立 7 周年纪念日，因此得名乌呼鲁（Uhuru，兹瓦西里语，意为“自由”）。

② 爱因斯坦天文台为纪念著名物理学家爱因斯坦而命名，被认为是 X 射线天文学发展史上具有里程碑意义的一颗天文卫星。

1980—1982 年

正如过去 20 年所做的一样，美国国家科学院委托《天文学和天体物理学》杂志在 1980 年开展了 10 年一次的调查。他们在 1982 年发布了他们的调查结果，这份调查结果后来被视为指导美国空间科学优先资助项目未来进程的神圣文件，其中呼声最高的是：研发和建造 AXAF。

1983—1989 年

这段时期，AXAF 任务取得了非凡的进展，也经历了令人沮丧的挫折。这项任务当初被选定时，人们甚至不清楚是否有可能制造出如此高精而灵敏的 X 射线望远镜，但 20 世纪 80 年代末，第一代镜面的开发取得了显著的进步。然而，后来预算被削减了，仍在建设中的哈勃空间望远镜也延期了，这预示着 AXAF 在 20 世纪 90 年代早期的曲折历程。

1989 年

AXAF 研制了两台原型望远镜，其中第二台——TMA-2 创纪录地超出了 AXAF 要求的指标。

TMA-2 是钱德拉 X 射线天文台的第二台原型望远镜。尽管 TMA-2 只有最里面镜子的 2/3，是里面镜子的缩小版，但它仍然是有史以来最好的 X 射线望远镜之一

1992 年

由于美国国家航空航天局项目的不确定性和预算限制，AXAF 任务被重新设计为两个独立的航天任务（AXAF-I 和 AXAF-S）。AXAF-I 将发射 4 对嵌套的镜面，而不是原计划的 6 对镜面。较重的仪器微热量计被移除，安装到 AXAF-S 上，AXAF-S 是一项规模较小的伴飞任务，专门研究光谱学。

1993 年

美国国会取消了 AXAF-S 任务。被拆分后的 AXAF-I 现在有 4 对嵌套的镜面和 2 个成像仪，这是未来计划推进的基础配置。大约在这个时候，AXAF-I 的轨道计划从低地球轨道改为高地球轨道，最远距离达到地月距离的 1/3。虽然这一调整大大提高了观测效率，但也使得其未来一旦发生任何故障，宇航员不可能对其进行维修。这意味着，一旦发射升空，AXAF 将独自留在那里，直到终结。

1996 年

钱德拉的飞行镜面已经完成，将进入测试和校准阶段。望远镜的性能比预期更好。

1999 年

完整的钱德拉 X 射线天文台被交付给肯尼迪航天飞行中心，与惯性上面级火箭整合后，插入哥伦比亚号的载荷舱中。组装后的钱德拉 - 惯性上面级成为有史以来由航天飞机发射的最重的有效载荷。

1999 年 7 月 23 日

哥伦比亚号将钱德拉送入太空。STS-93 任务指挥官艾琳·科林斯，飞行员杰夫·阿什比，以及任务专家米歇尔·托吉尼、史蒂文·霍利和卡迪·科尔曼，是最后一批目送钱德拉进入太空的人。8 个小时后，它的惯性上面级火箭点火了，将第三大天文台送入了远地轨道。

钱德拉搭载在哥伦比亚号航天飞机上发射升空

1999 年 8 月 26 日

钱德拉“睁开眼睛”首先看到的是仙后座 A 超新星爆发后形成的幽灵残骸般的遗迹。这是它第一次真正的科学观测任务，20 年后，它仍在不断刷新我们对宇宙的认知。

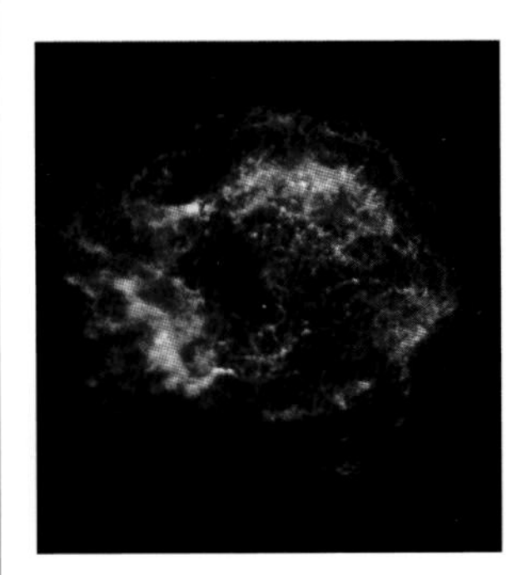

钱德拉“第一眼”看到的是仙后座 A

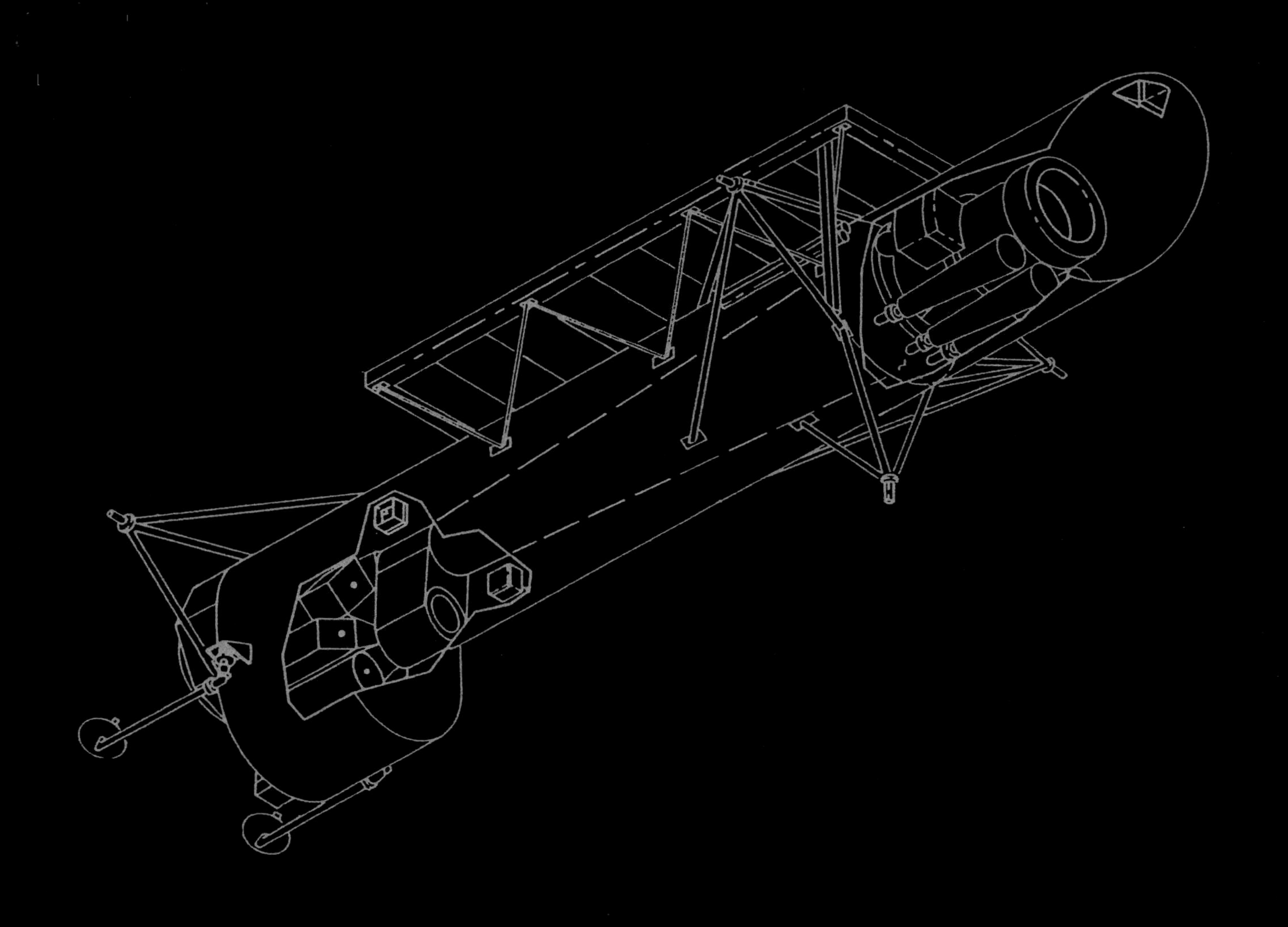

1963 年，里卡尔多・贾科尼和他的同事在一份计划书中提出了一个大型 X 射线望远镜的概念。1976 年，这个概念经过完善，成为向美国国家航空航天局提交的一份正式提案。这份提案是关于 1.2 米 X 射线望远镜的研发计划，该计划后来更名为 AXAF，最终被命名为钱德拉 X 射线天文台。

后记

哈维·塔南鲍姆
哈佛－史密松天体物理中心资深天体物理学家
钱德拉 X 射线中心主任（1991—2014 年）

1976 年，我和里卡尔多·贾科尼领导的一个小组向美国国家航空航天局提交了一项“研发 1.2 米 X 射线望远镜国家空间天文台”的提案。我们当时乐观地预计它将于 1982 年年底发射，任务期限为 10 年。现实情况是，钱德拉 X 射线天文台是于 1999 年发射升空的，读者可以简单地做个计算来感受下期望的落差。本书汇集了钱德拉 X 射线天文台拍摄的精美图像，以纪念它的 20 周年探测之旅。

当然，这一切并不像最初看起来那么简单。从最初提出设想到任务发射成功，这其中相隔了 23 年之久。23 年对一个人的职业生涯而言，影响无疑是巨大的；同时，23 年也换来了钱德拉 X 射线天文台 20 年的在轨平稳运行和惊人的科学成就，并且钱德拉可能还能再运行 10 年，取得更多非凡的成果。我们的团队成员来自美国国家航空航天局、学术界、研究中心和工业界。那些年里，他们申请资金、研发技术，为天文台的建造测试硬件和软件，取得了很多亮点成果，同时也经历过诸多波折。

多年来我们逐渐认识到的一件非常重要的事情是团队之间的紧密合作，这是经受了各种考验才建立起来的联系。成千上万的人和几十个组织为钱德拉工作，每个人都为任务的成功做出了重要贡献。经历了起起落落，我们最终都学会了相互依赖，并欣赏每个人对项目而言的独特能力。大家都开诚布公地交流，团队仔细审查各种问题，我们所有人都拥有决定权。那些建造钱德拉的人以及那些负责钱德拉持续运营的人有理由为钱德拉所取得的非凡成就自豪，有理由为本书呈现的无与伦比的图像自豪。

就我个人而言，我对钱德拉在发射几周后拍摄的第一幅图像记忆最为深刻，这幅图像清晰地显示了人们一直在寻找却从未见过的中子星，这颗中子星是仙后座 A 超新星爆发产生的。我仍然为每天新观测的拍摄、定期的新闻报道和图像发布以及数千篇报道钱德拉发现的科学论文感到由衷高兴。钱德拉观测的对象从木星的极光到几乎遍布整个宇宙的星系中的超大质量黑洞，其研究对各种天体和天体系统的运行机制提供了独特的见解。

尽管我们已经从钱德拉那里学到了很多，但宇宙中还有更多谜团需要我们去解开，还有更多的科学问题等着我们去探索。我们中的许多人已经为钱德拉的“接班人”——下一代 X 射线天文台工作了好几年，新的望远镜的灵敏度可能是钱德拉的 100 倍，在观测能力上也将有一个大的飞跃。最好的还在后头（这是我以前所在高中的校训）。

我们希望你会喜欢本书这些图像，就像我们喜欢与你分享它们一样。

图片来源

4-5, 36-37: X-ray: NASA/CXC/PSU/L. Townsley et al.; Optical: NASA/STScI; Infrared: NASA/JPL/PSU/L. Townsley et al.; 3, 86: NASA/CXC/Middlebury College/F. Winkler;
6-7, 164-165: X-ray: NASA/CXC/IoA/A. Fabian et al.; Radio: NRAO/VLA/G. Taylor; Optical: NASA/ESA/Hubble Heritage (STScI/AURA) & Univ. of Cambridge/IoA/A. Fabian;
8-9, 104-105: NASA/CXC/SAO; 10: NASA; 12-13: Seán Doran/NASA; 14-15: NASA/CXC & J. Vaughan; 17: NASA; 18-19, 43: X-ray: NASA/CXC/PSU/L. Townsley et al.; Optical: UKIRT; Infrared: NASA/JPL-Caltech; 20, 30: X-ray: NASA/CXC/Univ. Potsdam/L. Oskinova et al.; Optical: NASA/STScI; Infrared: NASA/JPLCaltech; 22-23: X-ray: NASA/CXC/SAO/Sejong Univ./Hur et al.; Optical: NASA/STScI; 24-25: X-ray: NASA/CXC/Northwestern/F. Zadeh et al.; Infrared: NASA/HST/NICMOS, Radio: NRAO/VLA/C. Lang; 26-27: NASA/CXC/PSU/L. Townsley et al.; 28: X-ray: NASA/CXC/Penn State/E. Feigelson & K. Getman et al.; Optical: NASA/ESA/STScI/M. Robberto et al.; 29: X-ray: NASA/CXC/CfA/J. Forbrich et al.; Infrared: NASA/SSC/CfA/IRAC GTO Team; 31: X-ray: NASA/CXC/CfA/R. Tuellmann et al.; Optical: NASA/AURA/STScI; 32-33: X-ray: NASA/CXC/SAO/J. Wang et al.; Optical: DSS & NOAO/AURA/NSF/KPNO 0.9-m/T. Rector et al.; 34-35: X-ray: NASA/CXC/SAO/J. Drake et al.; Optical: Univ. of Hertfordshire/INT/IPHAS; Infrared: NASA/JPL-Caltech; 38-39: NASA/CXC/Michigan State/A. Steiner et al.; 40-41: X-ray: NASA/CXC/PSU/K. Getman, E. Feigelson, M. Kuhn & the MYStIX team; Infrared: NASA/JPL-Caltech; 42: X-ray: NASA ICXC/SAO/S. Wolk et al.; Optical: DSS &NOAO/AURA/NSF; Infrared: NASAIJPL Caltech; 44-45: X-ray: NASA/CXC/SAO; Optical: NASA/STScI; 46-47: X-ray: NASA/CXC/Univ. of Valparaiso/M. Kuhn et al.; Infrared: NASA/JPL/WISE; 48-49, 78-79: X-ray: NASA/CXC/SAO/J.Hughes et al., Optical: NASA/ESA/Hubble Heritage Team STScI/AURA; 50, 58-59: X-ray: NASA/SAO/CXC; Optical: NASA/ESA/Hubble Heritage Team/STScI/AURA; 52-53: NASA/CXC/SAO; 54-55: NASA/CXC/SAO; 56-57: X-ray: NASA/CXC/U. Illinois/R. Williams & Y.H. Chu; Optical: NOAO/CTIO/U. Illinois/R. Williams & MCELS Coll.; 60-61: Chandra X-ray: NASA/CXC/B. Gaensler et al.; ROSAT X-ray: NASA/ROSAT/Asaoka & Aschenbach; Radio Wide: NRC/DRAO/D. Leahy; Radio Detail: NRAO/VLA; Optical: DSS; 62-63: X-ray: NASA/CXC/RIT/J. Kastner et al.; Optical/Infrared: NASA/STScI/Univ. Washington/B. Balick; 64-65: X-ray: NASA/CXC/RÍT/J. Kastner et al.; Optical/Infrared: NASA/STScI/Univ. MD/J. P. Harrington; 66: X-ray: NASA/CXC/RIT/J. Kastner et al.; Optical/Infrared: NASA/STScI/Univ. MD/J. P. Harrington; 67: X-ray: NASA/CXC/RIT/J.Kastner et al.; Optical/Infrared: NASA/STScI/Caltech/J. Westphal & W. Latter;
68, 69: Chandra: NASA/CXC/SAO/P. Slane et al.; XMM-Newton: ESA/RIKEN/J. Hiraga et al.; 70-71: X-ray: NASA/CXC/GSFC/M. Corcoran et al.; Optical: NASA/STScI; 72-73: Illustration: NASA/CXC/M. Weiss; X-ray: NASA/CXC/UC Berkeley/N. Smith et al.; Infrared: Lick/UC Berkeley/J. Bloom & C. Hansen; 74-75: X-ray: NASA/CXC/MIT/D. Dewey et al. & NASA/CXC/SAO/J. DePasquale; Optical: NASA/STScI; 76-77: NASA/CXC/SAO/P. Slane et al.;
80-81, 82, 83, 84: X-ray: NASA/CXC/RIT/J. Kastner et al.; Optical: NASA/STScI; 85: X-ray: NASA/CXC/IAA-CSIC/N. Ruiz et al.; Optical: NASA/STScI; 88-89: X-ray: NASA/CXC/SAO/D. Patnaude, Optical: DSS; 90-91: X-ray: NASA/CXC/MIT/L. Lopez et al.; Infrared: Palomar; Radio: NSF/NRAO/VLA; 92: X-ray: NASA/CXC/IAFE/G. Dubner et al. & ESA/XMM-Newton;
93: NASA/CXC/SAO; 94-95: NASA/CXC/SAO; 96-97: X-ray: NASA/CXC/SAO; Optical: NASA/STScI; Infrared: NASA-JPL-Caltech; 98: NASA/CXC/SAO; 99: X-ray: NASA/CXC/PUS/E. Helder et al.; Optical: NASA/STScI; 100: X-ray: NASA/CXC/Univ. of Wisconsin-Madison/S. Heinz et al.; Optical: DSS; 101: X-ray: NASA/CXC/U. Texas/S. Post et al., Infrared: 2MASS/UMass/IPAC-Caltech/NASA/NSF; 102: X-ray: NASA/CXC/MIT/D. Castro et al., Optical: NOAO/AURA/NSF/CTIO; 103: X-ray: NASA/CXC/SAO/R. Montez et al.; Optical: Adam Block/Mt. Lemmon SkyCenter/U. Arizona; 106-107, 120-121: X-ray: NASA/CXC/UMass/D. Wang et al.; Optical: NASA/ESA/STScI/D. Wang et al.; Infrared: NASA/JPL-Caltech/SSC/S. Stolovy;
108, 135: NASA/UMass/D. Wang et al.; 110: X-ray: NASA/CXC/UAH/M. Sun et al; Optical: NASA, ESA, & Hubble Heritage Team/STScI/AURA; 111: NASA/CXC/Univ. of Wisconsin/Y. Bai. et al.; 112-113: X-ray: NASA/CXC/JHU/D.Strickland; Optical: NASA/ESA/STScI/AURA/The Hubble Heritage Team; Infrared: NASA/JPL-Caltech/Univ. of AZ/C. Engelbracht; 114: X-ray: NASA/UMass/D. Wang et al., Optical: NASA/HST/D. Wang et al.; 115: Composite: NASA/JPL/Caltech/P. Appleton et al.; X-ray: NASA/CXC/A. Wolter & G. Trinchieri et al.; 116-117: X-ray: NASA/CXC/CfA/D. Evans et al.; Optical/UV: NASA/STScI; Radio: NSF/VLA/CfA/D. Evans et al., STFC/JBO/MERLIN; 118-119: X-ray: NASA/UMass/Q. D. Wang et al.; Optical: NASA/STScI/AURA/Hubble Heritage; Infrared: NASA/JPL-Caltech/Univ. AZ/R. Kennicutt/SINGS Team;
122: X-ray: NASA/CXC/MIT/C. Canizares, M. Nowak; Optical: NASA/STScI; 123: X-ray: NASA/CXC/CfA/E.O'Sullivan; Optical: Canada-France-Hawaii-Telescope/Coelum; 124: X-ray: NASA/CXC/SAO/J. DePasquale; Infrared: NASA/JPL-Caltech; Optical: NASA/STScI;
125: X-ray: NASA/CXC/MIT/S. Rappaport et al.; Optical: NASA/STScI; 126: X-ray: NASA/CXC/SAO/S. Mineo et al.; Optical: NASA/STScI; Infrared: NASA/JPL-Caltech; 127: X-ray: NASA/CXC/Caltech/P. Ogle et al.; Optical: NASA/STScI & R. Gendler; Infrared: NASA/JPLCaltech; Radio: NSF/NRAO/VLA; 128: X-ray: NASA/CXC/Wesleyan Univ./R. Kilgard, et al.; Optical: NASA/STScI; 129: X-ray: NASA/CXC/U. Birmingham/M. Burke et al.; 130: X-ray NASA/CXC/IfA/D. Sanders et al.; Optical NASA/STScI/NRAO/A. Evans et al.; 131: X-ray: NASA/CXC/University of Michigan/J-T Li et al.; Optical: NASA/STScI; 132-133: X-ray: NASA/CXC/JHU/K. Kuntz et al.; Optical: NASA/ESA/STScI/JHU/K. Kuntz et al.; Infrared: NASA/JPL-Caltech/STScI/K. Gordon; 134: X-ray: NASA/CXC/INAF/A. Wolter et al.; Optical: NASA/STScI;
136-137, 152-153: NASA, ESA, J. Jee (Univ. of California, Davis), J. Hughes (Rutgers Univ.), F. Menanteau (Rutgers Univ. & Univ. of Illinois, Urbana-Champaign), C. Sifon (Leiden Obs.), R. Mandelbum (Carnegie Mellon Univ.), L. Barrientos (Univ. Catolica de Chile), and K. Ng (Univ. of California, Davis); 138, 163: X-ray: NASA/CXC/SAO/R. van Weeren et al.; Radio: LOFAR/ASTRON; Optical: NAOJ/Subaru; 140-141: NASA/CXC/SAO; 142-143: X-ray: NASA/CXC/CfA/M. Markevitch et al.; Optical: NASA/STScI; Magellan/U. Arizona/D. Clowe et al.; Lensing Map: NASA/STScI; ESO WFI; Magellan/U. Arizona/D. Clowe et al.; 144: X-ray: NASA/CXC/MIT/E.-H Peng et al.; Optical: NASA/STScI; 145: X-ray: NASA/CXC/Columbia Univ./A. Johnson et al.; Optical: NASA/STScI; 146-147: X-ray: NASA/CXC/KIPAC/N. Werner et al.; Radio: NRAO/AUI/NSF/W. Cotton; 148-149: NASA, ESA, CFHT, CXO, M. J. Jee (University of California, Davis), and A. Mahdavi (San Francisco State University); 150-151: X-ray: NASA/CXC/SAO; Optical: NASA/STScI; Radio: NSF/NRAO/VLA; 154-155: X-ray: NASA/CXC/UA/J. Irwin et al.; Optical: NASA/STScI; 156-157: X-ray: NASA/CXC/Univ. of Waterloo/A. Vantyghem et al.; Optical: NASA/STScI; Radio: NRAO/VLA; 158, 159: X-ray: NASA/CXC/SAO/G. Ogrean et al.; Optical: NASA/STScI; Radio: NRAO/AUI/NSF; 160-161: X-ray: NASA/CXC/MPE/J. Sanders et al.; Optical: NASA/STScI; Radio: NSF/NRAO/VLA; 162: X-ray: NASA/CXC/SAO/R. van Weeren et al.; Optical: NAOJ/Subaru; Radio: NCRA/TIFR/GMRT; 166-167, 187: X-ray: NASA/CXC/UCL/W. Dunn et al.; Optical: South Pole: NASA/JPL-Caltech/SwRI/MSSS/Gerald Eichstädt/Seán Doran; 168, 186: X-ray: NASA/CXC/UCL/W. Dunn et al.; Optical: North Pole: NASA/JPL-Caltech/SwRI/MSSS; 170-171: NASA/SAO/CXC; 172: NASA/SRON/MPE;
173: NASA/CfA/J. McClintock & M. Garcia; 174-175: Optical: Robert Gendler; X-ray: NASA/CXC/SAO/J. Drake et al.; 176-177: NASA/MSFC/CXC/A. Bhardwaj & R. Elsner, et al.; Earth model: NASA/GSFC/L. Perkins & G. Shirah; 178-179: X-ray: NASA/CXC; Optical: DSS; Illustration: NASA/CXC/M. Weiss; 180-181: X-ray: NASA/CXC/Univ of Hamburg/S. Schröter et al.; Optical: NASA/NSF/IPAC-Caltech/UMass/2MASS, UNC/CTIO/PROMPT; Illustration: NASA/CXC/M. Weiss; 182-183: X-ray: NASA/CXC/SAO/K. Poppenhaeger et al.; Illustration: NASA/CXC/M.Weiss; 184-185: X-ray: NASA/CXC/Univ. of Alberta/B. Tetarenko et al; Optical: NASA/STScI; Radio: NRAO/AUI/NSF; 188-189: X-ray: NASA/CXC/Queens Univ. of Belfast/R. Booth, et al.; Illustration: NASA/CXC/M.Weiss; 190-191: Illustration: NASA/CXC/M.Weiss; X-ray spectrum: NASA/CXC/MIT/H. M. Günther; 192-193: X-ray: NASA/CXC/ICE/M. Mezcua et al.; Infrared: NASA/JPL-Caltech; Illustration: NASA/CXC /A. Hobart; 194-195: NASA/CXC/Trinity University/D. Pooley et al.; Illustration:NASA/CXC/M. Weiss; 196l: R. Giacconi; 196m: NASA; 196tr: NASA/SAO/Einstein Observatory; 196br: NASA/SAO/Einstein Observatory; 197l: NASA; 197m: NASA; 197r: NASA/CXC/SAO; 198: Harvey Tananbaum.